AF451086

# BIOLOGIA
## PER PRINCIPIANTI

Gordon J. Bright

Testi e illustrazioni a cura dell'autore.

# INDICE

# PREFAZIONE

*La BIOLOGIA non è mai stata il tuo forte?*
*Se dovevi essere interrogato ti nascondevi sotto il banco?*

**Non preoccuparti, questo libro fa per te!**

***Biologia per Principianti***, infatti, è un libro pensato per tutti coloro che vogliono apprendere le basi di questa affascinante materia in poco tempo, in modo facile e rilassato, quasi giocoso e divertente, senza stress e ansia.

Questo manuale, molto pratico, a metà tra un libro di biologia e una rivista di scienze, ti illustra la materia in modo appassionante, sin dalle basi, senza essere un mattone. Anzi è pieno di curiosità e chicche.

*Sei uno studente di qualsiasi livello e grado ed hai bisogno di un aiutino sulle basi della Biologia?*
*Sei un genitore che ha bisogno di spolverare la materia per aiutare i figli nello studio?*
*Devi preparare un esame o un concorso ed hai poco tempo per prepararti in questa materia?*
*Vuoi semplicemente farti una cultura scoprendo tante cose interessanti, sorprendenti e affascinanti?*

**Allora cosa aspetti? Questo è il libro che fa per te!**

# INTRODUZIONE

*Hai mai guardato una pianta crescere e ti sei chiesto come fa a sapere in che direzione andare? Oppure ti sei mai domandato perché il tuo cuore batte più velocemente quando corri? E che dire dei misteriosi microrganismi invisibili a occhio nudo, che vivono tutto intorno a noi?*

In questo libro, **esploreremo insieme le incredibili avventure della vita in tutte le sue form**e, dai minuscoli batteri che vivono nel nostro intestino agli enormi alberi che toccano il cielo.

**Non preoccuparti se non hai mai studiato biologia prima:** questo manuale è pensato proprio per te, che desideri conoscere i segreti della natura senza sentirti sopraffatto da paroloni scientifici complicati.

**Immagina di essere un esploratore**, con un'incredibile lente d'ingrandimento in mano, pronto a scoprire i misteri della vita nascosti sotto ogni foglia, dentro ogni goccia d'acqua, e persino dentro di te! Sì, hai capito bene: il viaggio della biologia ci porterà a esplorare anche il nostro corpo e a capire come funziona, perché noi stessi siamo parte del meraviglioso mosaico della vita.

**Attraverso questo libro, ti guiderò passo dopo passo, spiegandoti con parole semplici e chiare concetti affascinanti e sorprendenti.**

E non mancheranno attività divertenti e esperimenti pratici da fare a casa, per trasformarti in un vero e proprio scienziato in erba.

**Allora, sei pronto a iniziare questa avventura?**

Lascia volare la tua curiosità e **preparati a vedere il mondo con occhi nuovi.**

**La biologia è piena di meraviglie e scoperte,** e sono sicuro che, pagina dopo pagina, **ti appassionerai sempre di più.**

# 1. BENVENUTO NEL MONDO DELLA BIOLOGIA

Allora, sei pronto per un'avventura incredibile?

**Immagina di avere in mano una lente d'ingrandimento magica che ti permette di vedere tutti i segreti nascosti del mondo naturale.**

**Con questo libro, esploreremo insieme le meraviglie della <u>BIOLOGIA: LA SCIENZA CHE STUDIA LA VITA IN TUTTE LE SUE FORME</u>.**

Insieme, esploreremo i diversi aspetti della biologia, partendo dalle cellule minuscole fino agli ecosistemi giganteschi. Imparerai a conoscere il tuo corpo, le piante e gli animali che ti circondano e i piccoli microrganismi che vivono invisibili agli occhi.

Ogni capitolo ti guiderà passo dopo passo in un nuovo mondo pieno di curiosità e scoperte. Man mano che leggerai, troverai domande e attività che ti aiuteranno a riflettere e a imparare in modo attivo. Ricorda, la biologia non è solo teoria: è osservazione, sperimentazione e, soprattutto, divertimento.

## 1.1. Cos'è la Biologia?

La parola "biologia" deriva dal greco antico e si compone di due parti principali:

- ***Bíos (βίος)****: Significa "vita". Questo termine fa riferimento a tutti gli aspetti della vita e degli esseri viventi.*

- ***Lógos (λόγος)****: Significa "studio", "discorso" o "scienza". Questo termine è spesso usato per indicare un campo di studio o un corpo di conoscenze.*

Combinando questi due termini, **"BIO-LOGIA"** letteralmente significa **"STUDIO DELLA VITA"**.

*Questa parola è stata utilizzata per la prima volta all'inizio del XIX secolo per descrivere il campo scientifico dedicato all'indagine degli esseri viventi e dei processi vitali.*

Dunque, ogni forma di vita e organismo (pianta, animale, microrganismo) fa parte del mondo della biologia.

Ma non preoccuparti, non dobbiamo essere scienziati esperti per capire la biologia: **in questo libro, useremo un linguaggio semplice e chiaro, e ci divertiremo a scoprire come funziona tutto ciò che è vivo**.

Ti sei mai chiesto come fa una piccola ghianda a trasformarsi in una quercia imponente? Oppure come un bruco si trasforma in una farfalla colorata?

La biologia ci aiuta a rispondere a queste domande e a **capire
i misteri della natura**.

Pensa alla tua vita quotidiana: quando mangi, bevi, respiri, giochi o dormi, stai mettendo in pratica tante meravigliose funzioni biologiche. Ogni giorno, il tuo corpo fa cose straordinarie, spesso senza che tu te ne accorga.

**La biologia è tutto intorno a noi e dentro di noi**.

## 1.2. Storia della Biologia

La storia della biologia è un viaggio affascinante attraverso millenni di scoperte e innovazioni.

Ecco una panoramica delle tappe principali.

### 1.2.1. Antichità

Vediamo subito chi sono stati i padri della biologia.

- **ARISTOTELE** (IV secolo a.C.): Molti credono che Aristotele sia stato "solo" un grandissimo filosofo trascurando il fatto che sia stato anche un grandissimo scienziato! Infatti, **è stato uno dei pionieri della biologia**, e il suo lavoro ha gettato le basi per molte delle scoperte scientifiche che conosciamo oggi.
  **È stato uno dei primi a tentare di classificare gli animali in base alle loro caratteristiche.**

  Ha diviso gli animali in due gruppi principali: quelli con sangue (mammiferi, uccelli, rettili, anfibi e pesci) e quelli senza sangue (invertebrati come molluschi e insetti).
  Questo sistema di classificazione, sebbene semplificato rispetto alle moderne classificazioni, ha aperto la strada alla sistematica biologica.
  Durante il suo soggiorno sull'isola di *Lesbo*, Aristotele ha condotto numerose osservazioni e disegni di animali marini, inclusi pesci, molluschi e altri invertebrati.

**Ha descritto l'anatomia interna di oltre 100 animali e ha disegnato circa 500 specie di uccelli, mammiferi e pesci.** Queste osservazioni sono state raccolte in opere come "*Storia degli animali*" e "*Generazione degli animali*".

Aristotele ha introdotto il concetto di *Scala Naturae*, o *Grande Catena dell'Essere*, che classifica gli esseri viventi in una gerarchia basata sulla loro complessità e capacità di movimento. Questo concetto **ha influenzato la biologia per secoli,** anche se è stato successivamente reinterpretato in chiave religiosa.

Aristotele ha esplorato vari modi di riproduzione degli animali, tra cui la generazione spontanea, la gemmazione (riproduzione asessuata), la riproduzione sessuale senza copulazione e la riproduzione sessuale con copulazione. Ha anche descritto spermatozoi e ovuli, e ha ipotizzato che il sangue mestruale degli organismi vivipari fosse la sostanza generativa.

Aristotele ha introdotto il concetto di teleologia, che sostiene che ogni organismo ha uno scopo o una funzione naturale. Questa visione ha influenzato la biologia per molto tempo, anche se è stata successivamente messa in discussione da teorie evoluzionistiche moderne.

Il lavoro di Aristotele ha avuto un impatto duraturo sulla biologia e sulla scienza in generale. **Le sue osservazioni e teorie sono state tradotte in arabo e poi in latino, influenzando la scienza medievale e rinascimentale**. Anche se alcune delle sue teorie sono state successivamente smentite, il suo approccio sistematico e osservativo ha gettato le basi per la biologia moderna.

**Aristotele è stato davvero un visionario nel campo della biologia,** e il suo lavoro continua a essere studiato e apprezzato ancora oggi.

- **IPPOCRATE** (460-370 a.C.): È considerato il **padre della medicina** ma ha anche apportato significativi progressi nel campo della biologia.

Prima di Ippocrate, la medicina era spesso legata a superstizioni, leggende e magia.

Ippocrate ha rivoluzionato questo approccio, promuovendo una visione più razionale e scientifica della medicina. Ha sostenuto che le malattie dipendessero dall'ambiente, dalle abitudini e dall'alimentazione, piuttosto che da cause soprannaturali.

Il *Corpus Hippocraticum* è una raccolta di testi medici attribuiti a Ippocrate e ai suoi discepoli. Questi testi includono descrizioni di malattie, trattamenti e tecniche diagnostiche, e rappresentano una delle prime raccolte sistematiche di conoscenze mediche.

**Ippocrate ha introdotto l'uso della prognosi e dell'osservazione clinica nella pratica medica.** Ha incoraggiato i medici a osservare attentamente i pazienti e a fare diagnosi basate su segni e sintomi, piuttosto che su superstizioni o presagi.

Anche se oggi considerata errata, la **Teoria degli Umori** di Ippocrate ha avuto un grande impatto sulla medicina antica. Secondo questa teoria, la salute dipendeva dall'equilibrio di quattro umori (sangue, flemma, bile gialla e bile nera) nel corpo. Le malattie erano considerate il risultato di squilibri tra questi umori.

Ippocrate è famoso per il **Giuramento di Ippocrate**, un codice etico che ancora oggi viene pronunciato dai medici al momento della laurea. Questo giuramento sottolinea l'importanza dell'etica e della responsabilità nella pratica medica.

**Ippocrate ha descritto numerose malattie**, tra cui emorroidi, malattie del torace, malattie polmonari e malattie cardiache. Anche se alcune delle sue descrizioni non erano del tutto accurate, hanno fornito una solida base per lo sviluppo della medicina come scienza.

Anche se la chirurgia era ancora primitiva nel suo tempo, **Ippocrate ha contribuito allo sviluppo di**

**tecniche chirurgiche** e alla comprensione delle malattie che richiedevano interventi chirurgici.

Ippocrate ha lasciato un'eredità duratura nella medicina e nella biologia, e il suo approccio scientifico e razionale ha gettato le basi per molte delle pratiche mediche moderne.

- **GALENO** (129-216 d.C.): Claudio Galeno, conosciuto anche come *Galen*, è stato un celebre medico, anatomista e filosofo greco-romano nato a Pergamo (oggi Bergama, in Turchia). È considerato uno dei più grandi studiosi della medicina antica e ha influenzato la medicina occidentale per oltre 1.300 anni.
  Galeno ha condotto numerose dissezioni e vivisezioni su animali, principalmente su maiali e scimmie, poiché le dissezioni su esseri umani non erano permessi all'epoca. Attraverso queste osservazioni, **ha descritto accuratamente l'anatomia del corpo umano e ha avanzato teorie sulla fisiologia.**
  Ha identificato e descritto la struttura del cervello, il sistema nervoso e il cuore, e ha compreso il ruolo del sistema circolatorio.

  Galeno ha sviluppato e perfezionato la **Teoria dei Quattro Umori** (sangue, flemma, bile gialla e bile nera), che sosteneva che la salute dipendesse dall'equilibrio di questi fluidi corporei. Questa teoria ha dominato la medicina occidentale fino al XVII secolo.

Galeno era anche un medico pratico e ha servito come medico personale di diversi imperatori romani, tra cui *Marco Aurelio* e *Commodo*. Ha trattato una vasta gamma di malattie e ha sviluppato numerosi trattamenti e rimedi basati sulle sue osservazioni e sperimentazioni.

Il lavoro di Galeno è stato preservato e tradotto in arabo e latino, influenzando la medicina medievale e rinascimentale. Le sue opere sono state utilizzate come testi di riferimento per secoli, e il suo approccio basato su osservazione e sperimentazione ha gettato le basi per la medicina scientifica moderna.
Galeno è stato davvero un pioniere nella biologia e nella medicina, e il suo lascito continua a essere studiato e apprezzato ancora oggi.

## 1.2.2. Medioevo e Rinascimento

Benchè parliamo di un periodo storico lunghissimo, in sintesi menzionerei questi tre giganti:

- **AL-JAHIZ** (781-869): *Abū ʿUthman Amr ibn Baḥr al-Kinānī al-Baṣrī*, detto Al-Jahiz, è stato un poliedrico **studioso arabo** del IX secolo, noto soprattutto per i suoi contributi alla letteratura, alla teologia e alla biologia.

  Ecco alcuni dei suoi principali contributi nel campo della biologia:

  **. Kitāb al-Ḥayawān (Il libro degli animali)**
  Questo è uno dei suoi lavori più celebri, un compendio in sette parti che tratta una vasta gamma di argomenti, con gli animali come punto di partenza. In questo libro, Al-Jahiz descrive le caratteristiche e i comportamenti di numerosi animali, mostrando una notevole attenzione ai dettagli e un approccio scientifico.

  **. Kitāb al-Bayān wa-l-Tabyīn (Il libro dell'eloquenza e dell'esposizione)**
  Un'opera enciclopedica che copre vari aspetti della comunicazione umana, ma che include anche osservazioni biologiche e zoologiche.

**Al-Jahiz ha descritto principi che possono essere visti come precursori della teoria della selezione naturale di Darwin.**
Ha osservato come gli animali adattati al loro ambiente tendono a sopravvivere e riprodursi, mentre quelli meno adatti tendono a estinguersi.

**Etologia**: Ha studiato il comportamento degli animali, notando come le loro azioni sono influenzate dall'ambiente e dalle necessità di sopravvivenza.

**Funzioni degli Ecosistemi**: Ha riconosciuto l'importanza delle interazioni tra diversi organismi e l'equilibrio degli ecosistemi.

Al-Jahiz era noto per il suo stile di scrittura vivace e coinvolgente, che ha reso le sue opere accessibili e interessanti per un vasto pubblico. Ha utilizzato aneddoti e esempi pratici per spiegare concetti complessi, rendendo la biologia più comprensibile e affascinante.

Il lavoro di Al-Jahiz ha avuto un impatto duraturo sulla biologia e sulla scienza in generale. Le sue osservazioni e teorie sono state tradotte in arabo e poi in latino, influenzando la scienza medievale e rinascimentale. Anche se alcune delle sue teorie sono state successivamente smentite, il suo approccio sistematico e osservativo ha gettato le basi per la biologia moderna.

Al-Jahiz è stato davvero un visionario nel campo della biologia, e il suo lavoro continua a essere studiato e apprezzato ancora oggi.


- **VESALIO** (1514-1564): *Andreas Vesalius*, nato nel 1514 a Bruxelles, è spesso considerato il **fondatore dell'anatomia moderna**.
  Il suo lavoro più famoso, "*De Humani Corporis Fabrica*" (pubblicato nel 1543), è una delle opere più influenti nella storia dell'anatomia.
  In questo libro, Vesalius descrive in dettaglio l'anatomia umana basandosi sulle sue osservazioni personali durante le dissezioni. Ha corretto molte delle errate interpretazioni di Galeno, il medico greco antico, e ha fornito una descrizione accurata del corpo umano.

  Vesalius ha promosso l'uso delle dissezioni come metodo principale di studio dell'anatomia. Ha condotto dissezioni su cadaveri umani, cosa che era rara all'epoca, e ha incoraggiato altri a fare lo stesso. Questo approccio pratico ha permesso una comprensione più accurata del corpo umano.
  **Le illustrazioni di Vesalius nel "*De Humani Corporis Fabrica*" sono state rivoluzionarie.**
  Ha utilizzato disegni dettagliati e realistici per accompagnare le sue descrizioni anatomiche, rendendo il contenuto più accessibile e comprensibile.
  **Vesalius ha insegnato anatomia all'*Università di Padova*,** dove ha formato numerosi studenti che sarebbero diventati importanti anatomisti e medici.

Ha anche lavorato come medico di corte per l'Imperatore Carlo V e il suo successore, Filippo II.

Il lavoro di Vesalius ha gettato le basi per lo studio scientifico dell'anatomia e ha influenzato generazioni di medici e anatomisti. Le sue tecniche e metodi sono ancora utilizzati oggi, e il suo approccio critico e basato su osservazioni dirette continua a essere una pietra angolare della biologia e della medicina.

- **HARVEY** (1578-1657): Il medico inglese *William Harvey* è stato il **primo a descrivere correttamente il sistema circolatorio**. Nel suo lavoro principale, "*Exercitatio Anatomica de Motu Cordis et Sanguinis in Animalibus*" (1628), ha dimostrato che il sangue circola attraverso il corpo, pompato dal cuore attraverso un sistema di arterie e vene. Questo ha confutato la teoria prevalente dell'epoca, che sosteneva l'esistenza di due sistemi di sangue separati.
Harvey ha supportato la sua scoperta con esperimenti e argomentazioni scientifiche. Ha osservato il funzionamento delle valvole nelle vene e ha eseguito esperimenti su animali per comprendere meglio il movimento del sangue. Le sue osservazioni dettagliate e le sue deduzioni hanno fornito una base solida per la comprensione del sistema circolatorio.
La scoperta di Harvey ha avuto un impatto enorme sulla medicina e sulla biologia. Ha gettato le basi per lo studio scientifico del corpo umano e ha influenzato generazioni di medici e ricercatori.

La sua metodologia basata su osservazioni dirette e sperimentazioni è diventata un modello per la ricerca scientifica.

Il lavoro di Harvey è stato riconosciuto come uno dei più grandi contributi alla medicina e alla biologia.

Le sue scoperte sono ancora studiate e apprezzate oggi, e il suo approccio scientifico continua a influenzare la ricerca medica moderna.

## 1.2.3. XVIII - XIX sec.

Settecento e Ottocento furono secoli ricchissimi da tutti i punti di vista, specialmente scientifico. Basti considerare il contributo dato dall'Illuminismo, l'età della Ragione.

**L'Illuminismo fu un movimento intellettuale e culturale del XVIII secolo.**

Durante l'Illuminismo, c'è stata una **forte enfasi sulla razionalità e sull'uso della scienza per comprendere il mondo naturale**. Questo ha portato a un maggiore interesse per l'osservazione sistematica e l'esperimento, che sono diventati metodi fondamentali nella biologia.

L'Illuminismo ha visto lo sviluppo di sistemi di classificazione più rigorosi e sistematici. **Carl Linnaeus**, un importante biologo dell'Illuminismo, ha introdotto il sistema di nomenclatura binomiale e ha classificato migliaia di piante e animali, gettando le basi per la tassonomia moderna.

Le idee illuministiche hanno aperto la strada a nuove teorie scientifiche, incluso il concetto di evoluzione. Anche se la teoria dell'evoluzione di **Charles Darwin** è stata formulata successivamente, l'approccio razionale e sperimentale promosso dall'Illuminismo ha preparato il terreno per la sua accettazione.

L'Illuminismo ha anche portato a progressi significativi nella medicina. Gli illuministi hanno promosso l'uso della scienza per comprendere e trattare le malattie, portando a miglioramenti nella sanità pubblica e nella pratica medica.

Il movimento illuminista ha incoraggiato una mentalità più aperta e curiosa, promuovendo la ricerca scientifica e la condivisione delle conoscenze. Questo ambiente stimolante ha permesso ai biologi di esplorare nuove idee e fare scoperte significative.

L'Illuminismo ha quindi giocato un ruolo cruciale nello sviluppo della biologia, promuovendo un approccio scientifico e razionale alla comprensione della vita e del mondo naturale.

- **LINNEO** (1707-1778): *Carl Linnaeus*, nato in Svezia, è noto come il **padre della moderna Tassonomia**. Giustamente, ti starai chiedendo di cosa si tratta…
  *La tassonomia è la scienza della classificazione degli organismi viventi. Essa mira a identificare, descrivere, nominare e organizzare gli esseri viventi in gruppi basati su caratteristiche comuni.*

  Linnaeus ha introdotto il **sistema di nomenclatura binomiale**, che è ancora utilizzato oggi. Questo sistema assegna a ogni specie un nome composto da due parti: il genere e l'epiteto specifico, entrambi in latino. Ad esempio, il nome scientifico dell'uomo è Homo sapiens.

  Nel 1735, Linnaeus ha pubblicato il suo lavoro fondamentale, "*Systema Naturae*", in cui ha classificato e descritto migliaia di piante e animali. Questo libro ha gettato le basi per la classificazione scientifica moderna e ha standardizzato il modo in cui gli organismi vengono nominati e classificati.

**Linnaeus ha sviluppato un sistema di classificazione gerarchico che organizza gli organismi in gruppi sempre più specifici: regno, phylum, classe, ordine, famiglia, genere e specie.**

Questo sistema ha permesso una migliore comprensione della biodiversità e delle relazioni tra le diverse specie.

Durante la sua carriera, Linnaeus ha intrapreso numerosi viaggi di esplorazione per raccogliere e studiare piante e animali. Ha incoraggiato i suoi studenti, chiamati "apostoli", a viaggiare e portare indietro campioni di nuove specie.

Il lavoro di Linnaeus ha avuto un impatto duraturo sulla biologia e sulla scienza in generale. Le sue classificazioni e il suo sistema di nomenclatura sono ancora utilizzati oggi, e il suo approccio sistematico ha influenzato generazioni di biologi e naturalisti.

- **DARWIN** (1809-1882): *Charles Darwin* è stato un naturalista e biologo britannico, noto soprattutto per la sua **Teoria dell'Evoluzione** attraverso la **selezione naturale**, che ha rivoluzionato la biologia e la nostra comprensione della vita sulla Terra: infatti, Darwin ha proposto che tutte le specie di organismi viventi discendono da un antenato comune attraverso un processo di selezione naturale.

Questa teoria è esposta nel suo libro "*On the Origin of Species by Means of Natural Selection*" (1859), che ha gettato le basi per la moderna teoria evolutiva.

**<u>La selezione naturale è il processo mediante il quale gli organismi meglio adattati al loro ambiente tendono a sopravvivere e riprodursi, trasmettendo i loro tratti vantaggiosi alla prossima generazione</u>**.

Questo principio ha spiegato come le specie si evolvono nel tempo.

Dal 1831 al 1836, Darwin ha partecipato al viaggio scientifico a bordo della *HMS Beagle*. Durante questo viaggio, ha raccolto numerosi campioni di piante, animali e fossili, e ha fatto osservazioni cruciali che hanno contribuito alla formulazione della sua teoria dell'evoluzione.

**Darwin ha descritto e classificato molte nuove specie di piante e animali, contribuendo significativamente alla conoscenza della biodiversità.**

Oltre a "*On the Origin of Species*", Darwin ha pubblicato diversi altri libri, tra cui "*The Descent of Man*" (1871), in cui ha esteso la sua teoria dell'evoluzione all'uomo, e "*The Expression of the Emotions in Man and Animals*" (1872), in cui ha esplorato le emozioni e i comportamenti umani e animali.

Il lavoro di Darwin ha avuto un impatto duraturo sulla biologia e sulla scienza in generale. Le sue idee sono diventate la base della biologia evolutiva e continuano a influenzare la ricerca scientifica moderna.

## 1.2.4. XX - XXI sec. (fino ai giorni nostri)

E siamo così giunti ai giorni nostri, che gettano i pilastri della biologia del futuro.

- **MENDEL** (1822-1884): *Gregor Johann Mendel*, nato in Repubblica Ceca, è noto come il **padre della genetica moderna**.

  Mendel ha condotto esperimenti di incrocio su piante di pisello (*Pisum sativum*) tra il 1856 e il 1863.

  Ha studiato sette caratteristiche diverse delle piante di pisello, come l'altezza della pianta, la forma e il colore dei baccelli, e il colore dei semi.

  Attraverso i suoi esperimenti, **Mendel ha formulato tre principi fondamentali della genetica**, noti come le **Leggi di Mendel**:

  . **Legge della Segregazione**
  Ogni individuo ha due alleli per ogni caratteristica, uno ereditato da ciascun genitore. Durante la formazione dei gameti, gli alleli si segregano in modo che ogni gamete porti solo un allele per ogni caratteristica.

  . **Legge della Dominanza**
  Quando due alleli diversi sono presenti in un individuo, solo uno (l'allele dominante) determina il fenotipo, mentre l'altro (l'allele recessivo) è mascherato.

  . **Legge dell'Assortimento Indipendente**: Gli alleli di geni diversi si segregano indipendentemente l'uno dall'altro durante la formazione dei gameti.

Il lavoro di Mendel è stato inizialmente ignorato, ma
è stato riscoperto all'inizio del XX secolo, portando
alla nascita della genetica moderna. Le sue scoperte
hanno fornito una base matematica per lo studio
dell'ereditarietà e hanno influenzato profondamente la
biologia e la medicina.

Mendel è ricordato come uno dei più grandi biologi
della storia, e il suo lavoro continua a essere studiato
e apprezzato ancora oggi. Le sue leggi sono alla base
della genetica classica e hanno aperto la strada a ulteriori ricerche in questo campo.

- **WATSON - CRICK**: *James Watson* e *Francis Crick*
sono due scienziati **noti per aver scoperto la Struttura a Doppia Elica del DNA nel 1953**, un'importante scoperta che ha rivoluzionato la biologia e la genetica.

  Watson e Crick hanno utilizzato le immagini di diffrazione a raggi X di *Rosalind Franklin* e *Maurice Wilkins* per determinare la struttura del DNA.

  **Hanno scoperto che il DNA è composto da due filamenti di nucleotidi che si avvolgono a formare una doppia elica.**

  **Questa struttura ha permesso di comprendere come il DNA conserva e trasmette le informazioni genetiche.**

La scoperta della doppia elica del DNA ha avuto un impatto enorme sulla biologia e sulla medicina.

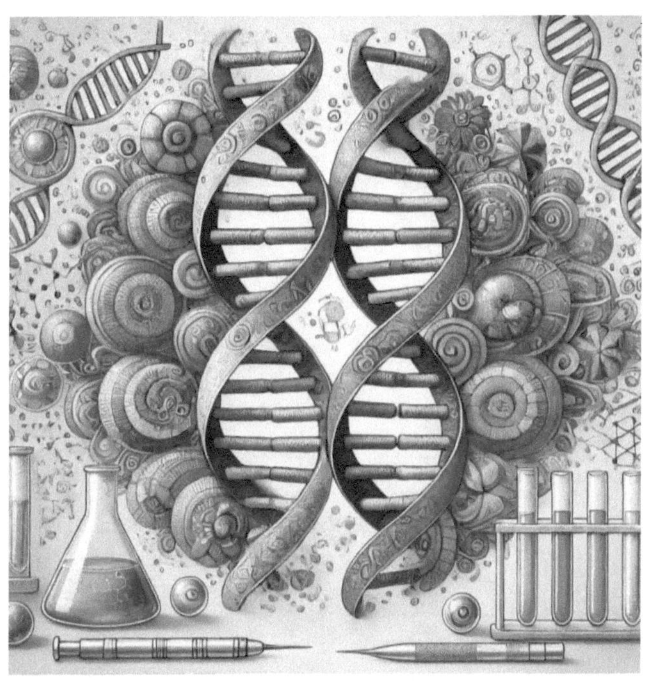

Ha permesso di comprendere il meccanismo della replicazione del DNA, la sintesi delle proteine e il funzionamento dei geni. Questo ha aperto la strada a molte ricerche in biologia molecolare, genetica e biotecnologia.

**Nel 1962, Watson e Crick hanno ricevuto il Premio Nobel per la loro scoperta della struttura del DNA.**

Il lavoro di Watson e Crick ha gettato le basi per la moderna **biologia molecolare** e ha influenzato generazioni di scienziati. La loro scoperta è considerata

uno dei più grandi traguardi scientifici del XX secolo
e continua a essere studiata e apprezzata ancora oggi.

### 1.2.4.1. Nascita della Biologia Molecolare e Genetica

La Biologia Molecolare e Genetica è un campo della scienza
che studia la struttura, la funzione e le interazioni delle molecole biologiche, con particolare attenzione agli acidi nucleici
(**DNA e RNA**) e alle proteine.
Questo campo ha visto enormi progressi negli ultimi decenni,
portando a una comprensione più profonda dei processi fondamentali della vita.

La scoperta della doppia elica del DNA da parte di Watson e
Crick ha dato il là a clamorose scoperte:

- Il **Progetto Genoma Umano, completato nel 2003,
  ha mappato l'intero genoma umano.** Questo ha
  permesso di identificare e comprendere meglio i geni
  e le loro funzioni.

- **Tecniche come CRISPR-Cas9 hanno reso possibile l'editing preciso del DNA**, aprendo nuove possibilità per la terapia genica, la ricerca biomedica e l'a-
  gricoltura.

- La biologia molecolare ha chiarito come l'informazione genetica del DNA viene trascritta in **RNA** e poi
  tradotta in proteine, che svolgono funzioni vitali nelle
  cellule.

- La scoperta di piccoli **RNA interferenti (siRNA)** ha
  aperto nuove strade per il controllo dell'espressione

genica e lo sviluppo di trattamenti per malattie genetiche.

- La **clonazione di organismi**, come la *pecora Dolly*, ha dimostrato la possibilità di creare copie geneticamente identiche di organismi viventi.

- L'**Ingegneria Genetica** e la **Biotecnologia** hanno portato allo sviluppo di **Organismi Geneticamente Modificati (OGM)** utilizzati in agricoltura, medicina e industria.

- L'**Analisi Computazionale** dei dati genomici e proteomici ha permesso di comprendere meglio le reti complesse di interazioni molecolari.

- **Tecniche di modellazione e simulazione** aiutano a prevedere la struttura e la funzione delle molecole biologiche.

- L'uso dell'**editing genetico** per trattare malattie ereditarie e genetiche è una delle applicazioni più promettenti.

La moderna biologia molecolare e genetica continua a evolversi rapidamente, portando a scoperte che promettono di migliorare significativamente la nostra comprensione della vita e la capacità di intervenire su malattie e condizioni genetiche.

**Esercizi**

**1. Rispondi correttamente alle seguenti domande:**

A. Quale tra i seguenti filosofi è stato tra i pionieri della biologia?

- Socrate
- Platone
- Aristotele
- Epicuro

B. Chi è considerato il padre della medicina?

- Ippocrate
- Socrate
- Galeno
- Sofocle

C. Studia il comportamento degli animali...

- Eziologia
- Etologia
- Enologia
- Tassonomia

D. È stato il fondatore dell'anatomia moderna...

- Harvey

- Darwin
- Linneo
- Vesalio

E. È considerato il padre della genetica moderna...

- Mendel
- Hegel
- Al Jahiz
- Hobbes

## Soluzioni

*A = Aristotele*
*B = Ippocrate*
*C = Etologia*
*D = Vesalio*
*E = Mendel*

## 2. COSA SONO GLI ESSERI VIVENTI?

Un essere vivente, o organismo, è un'entità che possiede alcune caratteristiche fondamentali che gli permettono di crescere, riprodursi e rispondere all'ambiente.

Gli esseri viventi possono essere microscopici come i batteri o grandi come le balene, ma tutti condividono alcuni tratti che li distinguono dalla materia non vivente.

Ecco le 8 caratteristiche che tutti gli esseri viventi hanno in comune:

1. **Organizzazione e Struttura**
   Ogni essere vivente è composto da una o più cellule. Le cellule sono i mattoni fondamentali della vita.
   Alcuni organismi, come i batteri, sono costituiti da una singola cellula, mentre altri, come gli esseri umani, sono composti da trilioni di cellule organizzate in tessuti, organi e sistemi.

2. **Metabolismo**
   Tutti gli esseri viventi svolgono reazioni chimiche che permettono di ottenere e utilizzare energia.
   Queste reazioni sono note come metabolismo.
   Il metabolismo comprende processi come la respirazione, la digestione e la fotosintesi nelle piante.

3. **Crescita e Sviluppo**
   Gli organismi viventi crescono e si sviluppano secondo uno schema specifico, detto "ciclo di vita".

Ad esempio, un seme si trasforma in una pianta adulta seguendo precise tappe di crescita. Allo stesso modo, gli esseri umani crescono da neonati ad adulti attraverso varie fasi di sviluppo.

4.  **Riproduzione**

    <u>Uno degli scopi principali degli esseri viventi è la riproduzione</u>, che permette di generare nuovi individui della stessa specie. La riproduzione può essere sessuale, con la combinazione di cellule da due genitori, o asessuata, dove un singolo organismo produce discendenti identici a sé stesso.

5.  **Risposta agli Stimoli**

    Gli esseri viventi hanno la capacità di rispondere agli stimoli provenienti dall'ambiente. <u>Questa capacità è essenziale per la sopravvivenza</u>. Ad esempio, le piante piegano le loro foglie verso la luce solare e gli animali reagiscono a segnali di pericolo.

6.  **Adattamento ed Evoluzione**

    Nel corso del tempo, le popolazioni di organismi viventi si adattano al loro ambiente. Questo processo, noto come evoluzione, avviene attraverso cambiamenti genetici che migliorano la capacità degli individui di sopravvivere e riprodursi.

7.  **Mantenimento dell'Omeostasi**

    Gli esseri viventi regolano il loro ambiente interno per mantenere condizioni stabili, come la temperatura e il pH. Questo processo è chiamato omeostasi.

Ad esempio, gli esseri umani sudano per raffreddare il corpo quando fa caldo.

8. **Complessità Chimica**

   Le molecole che compongono gli esseri viventi sono più complesse rispetto a quelle della materia inanimata. Gli organismi sono formati da molecole organiche come proteine, carboidrati, lipidi e acidi nucleici, che svolgono funzioni vitali.

## 2.1. Le Cellule: I Mattoni Fondamentali della Vita

Le cellule sono le unità fondamentali della vita, una sorta di "mattoni" che costituiscono ogni organismo vivente.
Esse svolgono una varietà di funzioni essenziali che permettono agli organismi di crescere, riprodursi, rispondere agli stimoli e mantenere l'omeostasi.

**Ogni cellula contiene il materiale genetico dell'organismo e tutte le strutture necessarie per svolgere le sue funzioni.**

## TIPI DI ORGANISMI:

- **Organismi Unicellulari**: Gli organismi unicellulari sono costituiti da una singola cellula che svolge tutte le funzioni vitali necessarie per la sopravvivenza.
  Esempi: Batteri, protozoi, lieviti e alcune alghe.
  Caratteristiche: Questi organismi possono vivere come singoli individui o in colonie. Sono capaci di nutrirsi, crescere e riprodursi autonomamente. La loro semplicità strutturale permette loro di adattarsi rapidamente a cambiamenti ambientali.

- **Organismi Pluricellulari**: Gli organismi pluricellulari sono costituiti da molte cellule che lavorano insieme in modo coordinato.
  Esempi: Piante, animali, funghi e molte alghe.
  Caratteristiche: Negli organismi pluricellulari, le cellule si specializzano per svolgere funzioni specifiche. Ad esempio, negli esseri umani, ci sono cellule del

sangue, cellule nervose, cellule muscolari e molte altre, ognuna delle quali svolge compiti differenti.

**Struttura e Funzione delle Cellule: come sono fatte le cellule?**

Essenzialmente, dalle seguenti parti:

- **Membrana Cellulare**: Una barriera che separa la cellula dall'ambiente esterno, regolando il passaggio di sostanze dentro e fuori la cellula.

- **Nucleo**: Contiene il materiale genetico (DNA) della cellula e controlla le attività cellulari.

- **Citoscheletro**: Una rete di filamenti che fornisce struttura alla cellula e ne facilita il movimento.

- **Organelli**: Strutture specializzate all'interno delle cellule che svolgono diverse funzioni, come i mitocondri (produzione di energia), i cloroplasti (fotosintesi nelle piante) e l'apparato di Golgi (modifica e trasporto delle proteine).

- **Citoplasma**: Una sostanza gelatinosa che riempie la cellula e contiene tutti gli organelli cellulari.

**Negli organismi pluricellulari, le cellule sono organizzate in tessuti, organi e sistemi:**

- **Tessuti**: Gruppi di cellule simili che lavorano insieme per svolgere una funzione specifica.
  *Esempi: Tessuto muscolare (contrazione e movimento), tessuto nervoso (trasmissione di segnali), tessuto epiteliale (rivestimento e protezione).*

- **Organi**: Strutture formate da diversi tipi di tessuti che lavorano insieme per svolgere funzioni specifiche.
  *Esempi: Cuore (pompare il sangue), polmoni (scambio di gas), fegato (detossificazione e metabolismo).*

- **Sistemi di Organi**: Gruppi di organi che lavorano insieme per svolgere funzioni complesse e vitali per l'organismo.
  *Esempi: Sistema circolatorio (trasporto di sangue e nutrienti), sistema respiratorio (scambio di ossigeno e anidride carbonica), sistema nervoso (controllo e coordinazione delle attività del corpo).*

Le cellule, dunque, sono essenziali per la vita perché ogni funzione vitale di un organismo dipende dalle attività cellulari. La comprensione delle cellule e delle loro funzioni ha permesso agli scienziati di sviluppare trattamenti per malattie, migliorare le colture agricole, e avanzare nel campo della biotecnologia.

In sintesi, **le cellule sono l'unità fondamentale della vita, la base di ogni organismo vivente**, dalla semplice struttura dei batteri alle complesse organizzazioni cellulari negli esseri umani. La loro capacità di lavorare in modo indipendente o coordinato permette la meravigliosa diversità della vita sulla Terra.

### 2.1.1. Differenze tra Cellule Animali e Vegetali

Sebbene le cellule animali e vegetali condividano molte caratteristiche, presentano anche alcune differenze significative:

- **Membrana Cellulare e Parete Cellulare**: Mentre entrambe le cellule hanno una membrana cellulare, solo le cellule vegetali possiedono una parete cellulare rigida che fornisce supporto e protezione.
- **Cloroplasti**: Le cellule vegetali contengono cloroplasti, organelli che svolgono la fotosintesi, convertendo la luce solare in energia chimica.
- **Vacuoli**: Le cellule vegetali hanno un grande vacuolo centrale che immagazzina nutrienti e rifiuti, mentre le cellule animali hanno vacuoli più piccoli e numerosi.
- **Forma**: Le cellule vegetali tendono ad avere una forma più regolare e definita rispetto alle cellule animali, grazie alla presenza della parete cellulare.

| Caratteristica | Cellule Animali | Cellule Vegetali |
| --- | --- | --- |
| Membrana Cellulare | Presente | Presente |
| Parete Cellulare | Assente | Presente (composta da cellulosa) |
| Cloroplasti | Assenti | Presenti (sede della fotosintesi) |
| Vacuoli | Piccoli e numerosi | Grande vacuolo centrale |
| Forma | Variegata (rotonda, ovale, ecc.) | Rettangolare o quadrata (a causa della parete cellulare rigida) |
| Centrioli | Presenti | Assenti nella maggior parte delle piante |

## 2.2. Metabolismo: Il Motore della Vita

**Il metabolismo è l'insieme di tutte le reazioni chimiche che avvengono all'interno di un organismo per mantenere la vita.**

Queste reazioni permettono agli esseri viventi di ottenere energia dai nutrienti, utilizzarla per compiere funzioni vitali, crescere, riprodursi e mantenere un equilibrio interno.

**Il metabolismo può essere suddiviso in due categorie principali: <u>catabolismo e anabolismo</u>.**

- **Catabolismo: La Degradazione delle Molecole**
  Il catabolismo è il processo mediante il quale le molecole complesse vengono scomposte in molecole più semplici, con il rilascio di energia.
  *Esempi:*
  *. **Respirazione Cellulare**: Questo processo avviene nelle cellule di quasi tutti gli organismi. Durante la respirazione cellulare, il glucosio viene scomposto per produrre energia sotto forma di ATP (adenosina trifosfato).*
  *. **Digestione**: Nel sistema digestivo umano, il cibo viene scomposto in nutrienti più semplici, come glucosio, amminoacidi e acidi grassi, che possono essere assorbiti e utilizzati dalle cellule.*

- **Anabolismo: La Sintesi delle Molecole**
  L'anabolismo è il processo mediante il quale le molecole semplici vengono utilizzate per costruire molecole complesse, richiedendo un apporto di energia.

*Esempi:*

. **Sintesi delle Proteine**: *Gli amminoacidi vengono assemblati per formare proteine, che svolgono numerose funzioni strutturali e funzionali nelle cellule. Questo processo richiede energia, fornita dall'ATP.*

. **Fotosintesi**: *Nelle piante, la fotosintesi è il processo mediante il quale l'energia solare viene catturata e utilizzata per sintetizzare glucosio a partire da anidride carbonica e acqua.*

## Componenti del Metabolismo:

- **Enzimi**: Le reazioni metaboliche sono catalizzate da enzimi, che sono proteine specializzate. Gli enzimi accelerano le reazioni chimiche riducendo l'energia di attivazione necessaria per avviarle.

- **ATP (Adenosina Trifosfato)**: L'ATP è la principale "valuta energetica" delle cellule. Fornisce l'energia necessaria per le reazioni anaboliche e altre funzioni cellulari.

- **Coenzimi e Cofattori**: Molecole come il NAD+ (nicotinamide adenina dinucleotide) e il FAD (flavina adenina dinucleotide) sono essenziali per il trasferimento di elettroni e protoni durante le reazioni metaboliche.

**Il metabolismo è finemente regolato da vari meccanismi che assicurano che le cellule abbiano un apporto adeguato di energia e materiali necessari senza sprechi:**

- **Feedback Negativo**: Molte reazioni metaboliche sono regolate da meccanismi di feedback negativo, in cui un prodotto finale della reazione inibisce l'attività di un enzima chiave all'inizio del percorso metabolico.

- **Segnalazione Ormonale**: Ormoni come l'insulina e il glucagone regolano i livelli di glucosio nel sangue e la distribuzione delle risorse energetiche nel corpo.

- **Condizioni Ambientali**: La disponibilità di nutrienti e altri fattori ambientali possono influenzare il tasso metabolico.

**Il metabolismo è essenziale per la vita perché:**

- *Fornisce l'energia necessaria per tutte le attività cellulari.*

- *Permette la crescita e la riproduzione degli organismi.*

- *Mantiene l'omeostasi, assicurando un equilibrio interno costante.*

- *Facilita l'adattamento degli organismi ai cambiamenti ambientali.*

Comprendere il metabolismo è fondamentale per la biologia, la medicina e altre scienze della vita, poiché molte malattie, come il diabete e le malattie metaboliche ereditarie, sono legate a disfunzioni metaboliche.

## 2.3. Crescita e Sviluppo: Il Ciclo di Vita degli Organismi

Gli organismi viventi attraversano un processo dinamico di crescita e sviluppo che li guida dalla nascita alla maturità, fino alla morte. Questo processo, noto come ciclo di vita, è caratterizzato da una serie di tappe specifiche che ogni organismo deve seguire.

Vediamo in dettaglio come avviene questo processo in piante e animali, inclusi gli esseri umani.

### 2.3.1. Il Ciclo di Vita delle Piante

Le piante percorrono le seguenti tappe nella loro vita:

- **Germinazione**
  La germinazione è il processo mediante il quale un seme dormiente si risveglia e inizia a crescere.
  Perché un seme germini, sono necessarie acqua, ossigeno e una temperatura appropriata. Durante questo stadio, il seme assorbe acqua, si gonfia e rompe il suo tegumento esterno.
  La radichetta è la prima struttura a emergere, seguita dal germoglio che crescerà verso la luce.

- **Crescita**
  La pianta sviluppa foglie e radici, aumentando la sua capacità di fotosintesi e di assorbimento di nutrienti dal suolo. In questa fase, la pianta è in gran parte focalizzata sulla crescita e sull'accumulo di risorse.

Le foglie della pianta catturano l'energia solare e, attraverso la fotosintesi, trasformano l'anidride carbonica e l'acqua in glucosio e ossigeno.

- **Fioritura**
  Quando la pianta raggiunge una certa maturità, inizia a produrre fiori, che sono le strutture riproduttive.
  I fiori contengono organi maschili (stami) e femminili (pistilli), e possono essere impollinati da vento, acqua o animali.

- **Impollinazione e Fertilizzazione**
  Il polline viene trasferito dagli stami ai pistilli, facilitando l'unione delle cellule sessuali maschili e femminili.
  Una volta che il polline raggiunge l'ovulo all'interno del pistillo, si verifica la fertilizzazione, dando origine a un nuovo seme.

- **Maturazione e Fruttificazione**
  Dopo la fertilizzazione, l'ovario del fiore si sviluppa in un frutto, che protegge i semi in via di sviluppo e facilita la loro dispersione.

- **Dispersione dei Semi**
  I frutti e i semi sono dispersi attraverso vari mezzi, tra cui il vento, l'acqua, gli animali e l'uomo. Questo processo assicura che i semi raggiungano nuovi ambienti dove possono germinare e crescere.

## 2.3.2. Il Ciclo di Vita degli Animali

Gli animali, invece, percorrono le seguenti tappe nella loro vita:

- **Nascita o Schiusa**
  In molti animali, la nascita avviene quando l'organismo emerge completamente formato dal corpo della madre.
  In altri casi, come negli uccelli e nei rettili, il giovane organismo emerge da un uovo.

- **Crescita e Sviluppo**
  Dopo la nascita o la schiusa, gli animali attraversano una fase di crescita, in cui aumentano di dimensione e maturano. Questa fase include l'assunzione di nutrienti e lo sviluppo di caratteristiche specifiche della specie.
  Alcuni animali, come gli insetti (ad esempio, farfalle) e gli anfibi (ad esempio, rane), attraversano una metamorfosi, trasformandosi significativamente da una fase larvale a una fase adulta.

- **Maturità Sessuale**
  Gli animali raggiungono la maturità sessuale, diventando capaci di riprodursi. Durante questa fase, sviluppano caratteristiche secondarie sessuali, come piume colorate negli uccelli o criniere nei leoni.

- **Riproduzione**

  Accoppiamento: Gli animali si accoppiano per produrre prole, attraverso processi che variano enormemente tra le specie.

  Cura della Prole: In molte specie, i genitori forniscono cure alla prole, assicurando che i giovani abbiano un'alta probabilità di sopravvivenza. Questo può includere la protezione dai predatori, l'alimentazione e l'insegnamento di abilità necessarie alla sopravvivenza.

- **Invecchiamento e Morte**

  Con il passare del tempo, gli organismi viventi attraversano un processo di invecchiamento, che comporta cambiamenti fisiologici e una progressiva perdita di funzionalità.

  Alla fine del ciclo di vita, gli organismi muoiono, completando il ciclo vitale. Questo processo è parte integrante della vita, poiché permette il continuo rinnovamento delle popolazioni.

### 2.3.3. Il Ciclo di Vita degli Esseri Umani

Infine, gli esseri umani seguono un ciclo di vita simile a quello di altri animali, ma con alcune caratteristiche uniche legate alla complessità sociale e culturale.

- **Infanzia**
  . Nascita: Un neonato viene al mondo completamente dipendente dagli adulti per la sopravvivenza.
  . Primi Anni: Durante l'infanzia, i bambini sviluppano rapidamente abilità motorie e cognitive. L'interazione con i genitori e gli educatori è cruciale per il loro sviluppo emotivo e intellettuale.

- **Fanciullezza**
  Crescita e Apprendimento: I bambini continuano a crescere e sviluppano abilità sociali e intellettuali attraverso il gioco e l'educazione. Frequentano la scuola, dove imparano a leggere, scrivere e acquisiscono conoscenze di base.

- **Adolescenza**
  . Pubertà: Durante l'adolescenza, i giovani attraversano la pubertà, un periodo di rapide trasformazioni fisiche e ormonali che porta alla maturità sessuale.
  . Sviluppo dell'Identità: Gli adolescenti esplorano la loro identità e iniziano a prendere decisioni autonome. Questo periodo può essere caratterizzato da conflitti con i genitori e da un crescente desiderio di indipendenza.

- **Età Adulta**

  . Maturità: Gli adulti raggiungono la piena maturità fisica e mentale. Questo è il periodo in cui la maggior parte delle persone completa la propria istruzione, entra nel mondo del lavoro e può formare una famiglia.
  . Riproduzione: Molti adulti scelgono di avere figli, perpetuando così il ciclo di vita.

- **Età Matura e Vecchiaia**

  Con il passare degli anni, gli adulti maturi sperimentano un declino fisico e, talvolta, cognitivo. Nonostante ciò, possono continuare a contribuire alla società attraverso il lavoro, il volontariato e il supporto familiare.

  Alla fine del ciclo di vita, gli esseri umani, come tutti gli organismi viventi, affrontano la morte. Questo evento è parte del naturale ciclo di rigenerazione della vita.

Il ciclo di vita è un'affascinante sequenza di eventi che dimostra la complessità e la bellezza della vita in tutte le sue forme.

Ogni fase del ciclo di vita è cruciale e interconnessa, contribuendo al perpetuo rinnovo e alla diversità della vita sul nostro pianeta.

## 2.4. I Segreti della Riproduzione

La riproduzione è un processo fondamentale che consente agli esseri viventi di generare nuovi individui della stessa specie, garantendo la continuità della vita.

**Esistono due principali modalità di riproduzione: la riproduzione sessuale e la riproduzione asessuata.**
Entrambi i metodi hanno vantaggi specifici e sono adattati alle esigenze delle diverse specie.

### 2.4.1. Riproduzione Sessuale

La riproduzione sessuale coinvolge la combinazione di materiali genetici provenienti da due genitori. Questo processo crea una prole geneticamente diversa dai genitori, aumentando la variabilità genetica all'interno di una popolazione. Questo tipo di riproduzione avviene attraverso la fusione di due cellule sessuali specializzate, chiamate **GAMETI**:

- **Spermatozoo**: Il gamete maschile, generalmente piccolo e mobile, capace di nuotare verso il gamete femminile.

- **Ovulo**: Il gamete femminile, più grande e stazionario, che contiene riserve nutrienti per il primo sviluppo dell'embrione.

Il processo attraverso il quale questi due gameti si uniscono viene detto **Fertilizzazione**, di cui se ne annoverano due tipologie:

- **Fertilizzazione Esterna**: Comune in molti organismi acquatici, dove i gameti vengono rilasciati nell'acqua e la fertilizzazione avviene fuori dal corpo dei genitori.

- **Fertilizzazione Interna**: Presente in molti animali terrestri, dove il gamete maschile viene depositato all'interno del corpo della femmina, garantendo una maggiore protezione per i gameti.

Dopo la fertilizzazione, lo **zigote (cellula risultante dalla fusione di spermatozoo e ovulo)** inizia a dividersi e a differenziarsi, formando un **embrione**.

L'embrione si sviluppa ulteriormente, passando attraverso fasi specifiche fino a diventare un organismo completo.

**Vantaggi della Riproduzione Sessuale:**

- **Variabilità Genetica**: La combinazione dei geni di due genitori produce una prole geneticamente diversa, aumentando la capacità della popolazione di adattarsi a cambiamenti ambientali e resistere a malattie.

- **Evoluzione**: La variabilità genetica favorisce l'evoluzione, poiché le mutazioni benefiche possono essere trasmesse e diventare più comuni nella popolazione.

## 2.4.2. Riproduzione Asessuata

**La riproduzione asessuata coinvolge un singolo organismo che genera prole identica a sé stesso**, senza la combinazione di materiali genetici con un altro organismo.

**Questo tipo di riproduzione è comune tra organismi semplici come batteri, piante e alcuni animali invertebrati.**

**Esistono vari tipi di riproduzione asessuata.** Vediamole:

- **Fissione Binaria**: Un processo comune tra i batteri, in cui una singola cellula si divide in due cellule figlie geneticamente identiche.
  Processo: Il DNA della cellula madre si replica, e la cellula si divide in due cellule figlie, ciascuna con una copia del DNA originale.

- **Gemmazione**: Un processo in cui un nuovo individuo cresce come una protuberanza o "gemma" sul corpo del genitore.
  Esempi: I lieviti e le spugne utilizzano questo metodo per riprodursi.

- **Sporulazione**: Alcuni organismi, come i funghi e alcune alghe, producono spore che possono svilupparsi in nuovi individui.
  Processo: Le spore sono rilasciate nell'ambiente e, in condizioni favorevoli, germinano e crescono in nuovi individui.

- **Riproduzione Vegetativa**: Piante come le fragole e le patate si riproducono attraverso parti del loro corpo, come stoloni o tuberi, che si sviluppano in nuovi individui.
  Processo: Una parte della pianta madre cresce e si sviluppa in una nuova pianta indipendente.

**Vantaggi della Riproduzione Asessuata:**

- **Rapidità**: La riproduzione asessuata permette di produrre un gran numero di individui in tempi brevi.
- **Efficienza Energetica**: Non richiede la ricerca di un partner, risparmiando energia e risorse.
- **Stabilità Genetica**: La prole sono geneticamente identiche al genitore, garantendo stabilità genetica in ambienti stabili.

La riproduzione, sia sessuale che asessuata, è essenziale per la continuazione delle specie e la diversità della vita sulla Terra.

Mentre la riproduzione sessuale favorisce la variabilità genetica e l'adattabilità, la riproduzione asessuata offre rapidità ed efficienza.

Entrambi i metodi sono adattamenti evolutivi che consentono agli organismi di sopravvivere e prosperare in una vasta gamma di ambienti.

## 2.5. Risposta agli Stimoli: La Chiave della Sopravvivenza

**La capacità di rispondere agli stimoli è una delle caratteristiche fondamentali degli esseri viventi**.
**Questa capacità consente agli organismi di adattarsi e sopravvivere nel loro ambiente**, rispondendo a cambiamenti interni ed esterni che possono influenzare la loro sopravvivenza e benessere.

Vediamo in dettaglio come gli esseri viventi rispondono agli stimoli e perché questa capacità è cruciale.

### 2.5.1. Tipi di Stimoli

I tipi di stimoli si distinguono in due categorie: **ambientali (esterni) o interni**:

- **STIMOLI AMBIENTALI**

  . **Luce**: Le piante utilizzano la luce solare per la fotosintesi e crescono verso la fonte di luce in un processo chiamato fototropismo.

  . **Temperatura**: Gli animali possono cercare rifugio in ambienti caldi o freddi per mantenere la loro temperatura corporea ottimale. Alcuni organismi, come i rettili, si scaldano al sole per aumentare la loro temperatura corporea.

. **Suoni**: Molti animali rispondono ai suoni, che possono segnalare la presenza di predatori, prede o altri membri della loro specie. Ad esempio, i pipistrelli usano l'eco-localizzazione per navigare e cacciare al buio.

. **Odori**: Gli odori possono segnalare la presenza di cibo, partner riproduttivi o pericoli. I cani, ad esempio, hanno un olfatto altamente sviluppato che usano per seguire tracce di odori.

- **STIMOLI INTERNI**

. **Squilibrio Chimico**: Gli organismi rispondono a cambiamenti nei livelli di nutrienti, ossigeno, anidride carbonica e altre sostanze chimiche nel loro corpo. Ad esempio, quando i livelli di glucosio nel sangue sono bassi, il corpo risponde stimolando la fame.

. **Dolore**: La sensazione di dolore è una risposta a lesioni o danni al tessuto, che avverte l'organismo del pericolo e lo induce a proteggere la parte colpita.

. **Stress**: Gli organismi possono rispondere a situazioni stressanti rilasciando ormoni come l'adrenalina, che preparano il corpo a una rapida azione.

## 2.5.2. Esempi di Risposta agli Stimoli

A seconda del tipo di organismo o essere vivente, esistono molteplici tipi ed esempi di risposte agli stimoli ambientali o interni.

Vediamone qualcuno:

- **PIANTE**

  **Fototropismo**: Le piante crescono verso la luce solare, un fenomeno noto come fototropismo positivo. Questo comportamento è regolato da ormoni chiamati auxine, che si accumulano nella parte della pianta opposta alla luce, stimolando la crescita cellulare in quella direzione.

  **Gravitropismo**: Le radici delle piante crescono verso il basso, seguendo la direzione della gravità (gravitropismo positivo), mentre i germogli crescono verso l'alto, contro la gravità (gravitropismo negativo).

  **Nastie**: Movimenti rapidi delle piante in risposta a stimoli, come la chiusura delle foglie della mimosa pudica al tocco (tigmonastia).

- **ANIMALI**

  **Riflessi**: I riflessi sono risposte rapide e involontarie a stimoli. Ad esempio, se tocchi una superficie calda, il riflesso di ritrazione ti fa tirare indietro la mano rapidamente per evitare il danno.

  **Comportamenti Innati**: Gli animali possiedono comportamenti innati che li aiutano a sopravvivere. Ad esempio, i tartarughini appena nati corrono verso l'oceano subito dopo essere usciti dall'uovo.

  **Apprendimento**: Gli animali possono apprendere risposte a nuovi stimoli attraverso l'esperienza.
  Ad esempio, un cane può imparare a sedersi in risposta a un comando del suo proprietario.

**Importanza della Risposta agli Stimoli:**

- **Adattamento e Sopravvivenza**
  La capacità di rispondere agli stimoli permette agli organismi di adattarsi ai cambiamenti ambientali e di aumentare le loro probabilità di sopravvivenza.
  Ad esempio, un animale che sente l'odore di un predatore può fuggire per evitare di essere catturato.

- **Omeostasi**
  La risposta agli stimoli interni è cruciale per mantenere l'omeostasi, l'equilibrio interno dell'organismo.

Ad esempio, il corpo umano regola costantemente la sua temperatura, il pH e i livelli di zucchero nel sangue in risposta a vari stimoli interni.

- **Riproduzione e Successo Evolutivo**
  Rispondere agli stimoli ambientali e comportamentali può influenzare il successo riproduttivo. Ad esempio, il canto degli uccelli può attirare partner e scoraggiare rivali, aumentando le probabilità di accoppiamento.

In conclusione, la capacità di rispondere agli stimoli è fondamentale per tutti gli esseri viventi.

Che si tratti di una pianta che si orienta verso la luce, di un animale che fugge da un predatore o di un organismo che mantiene l'equilibrio interno, questa capacità è essenziale per la sopravvivenza e il successo evolutivo.

Attraverso un'ampia gamma di meccanismi e comportamenti, gli esseri viventi dimostrano una sorprendente adattabilità che permette loro di prosperare in una varietà di ambienti.

## 2.6. Adattamento ed Evoluzione: Il Processo di Cambiamento della Vita

L'adattamento e l'evoluzione sono processi fondamentali attraverso i quali gli esseri viventi si modificano nel tempo per migliorare la loro capacità di sopravvivere e riprodursi nel loro ambiente.

**Questo processo, chiamato evoluzione, avviene attraverso cambiamenti genetici** che si accumulano nelle popolazioni di organismi.

Vediamo più da vicino come funziona.

### 2.6.1. Adattamento

L'adattamento è il processo attraverso il quale gli organismi sviluppano caratteristiche che migliorano la loro capacità di sopravvivenza e riproduzione in un ambiente specifico. Queste caratteristiche sono chiamate adattamenti.

Esistono essenzialmente **3 tipi di Adattamenti**:

- **Adattamenti Morfologici**: Cambiamenti nella struttura fisica di un organismo. Ad esempio, le ali degli uccelli sono adattamenti che permettono il volo.

- **Adattamenti Fisiologici**: Cambiamenti nelle funzioni interne di un organismo. Ad esempio, i reni dei deserti animali sono adattati per conservare l'acqua.

- **Adattamenti Comportamentali**: Modifiche nel comportamento che aiutano l'organismo a sopravvivere. Ad esempio, la migrazione degli uccelli verso climi più caldi durante l'inverno.

## 2.6.2. Evoluzione

**L'evoluzione è il cambiamento delle caratteristiche ereditarie di una popolazione nel corso di generazioni successive.**

Questo processo può portare alla formazione di nuove specie e alla diversificazione della vita sulla Terra, secondo i principi della **Selezione Naturale**.

Proposta da *Charles Darwin*, la selezione naturale è il meccanismo principale dell'evoluzione. Gli individui con caratteristiche favorevoli hanno una maggiore probabilità di sopravvivere e riprodursi, trasmettendo queste caratteristiche alla generazione successiva.

**Esempio di Selezione Naturale:**
Le falene di colore scuro nelle aree industrializzate dell'Inghilterra hanno avuto maggiori probabilità di sopravvivere rispetto alle falene di colore chiaro, poiché erano meglio camuffate contro i predatori su alberi coperti di fuliggine.

Sempre in questo ambito dobbiamo tenere presente i seguenti fenomeni:

- **Mutazioni**: Cambiamenti casuali nel DNA che possono introdurre nuove caratteristiche. Queste mutazioni possono essere benefiche, neutre o dannose.

- **Ricombinazione Genetica**: Durante la riproduzione sessuale, i geni dei genitori si combinano in nuove varianti, aumentando la variabilità genetica nella popolazione.

- **Deriva Genetica**: Cambiamenti casuali nella frequenza dei geni in una popolazione, soprattutto nelle popolazioni piccole.

- **Migrazione**: Il movimento di individui tra popolazioni può introdurre nuovi geni e caratteristiche.

**Esempi di Adattamento ed Evoluzione:**

- **Giraffe e Collo Lungo**
  Le giraffe moderne hanno colli lunghi che permettono loro di raggiungere foglie alte sugli alberi. Gli antenati delle giraffe con colli più lunghi avevano un vantaggio alimentare e una maggiore probabilità di sopravvivenza e riproduzione.

- **Pesci degli Abissi**

  I pesci che vivono nelle profondità oceaniche hanno sviluppato adattamenti come bioluminescenza (produzione di luce) per attirare prede o partner in ambienti bui.

- **Resistenza agli Antibiotici**

  Alcuni batteri hanno sviluppato resistenza agli antibiotici attraverso mutazioni genetiche. Questo rappresenta un adattamento che permette loro di sopravvivere e proliferare nonostante la presenza di farmaci.

**L'importanza dell'Adattamento e dell'Evoluzione nella biologia, si fonda sui seguenti concetti:**

- **Biodiversità**

  L'evoluzione contribuisce alla biodiversità, producendo una vasta gamma di specie con adattamenti unici. Questa diversità è essenziale per la stabilità degli ecosistemi e il funzionamento dei processi ecologici.

- **Adattamento ai Cambiamenti Ambientali**

  Gli organismi che possono adattarsi ai cambiamenti climatici, alla disponibilità di risorse e ad altre pressioni ambientali hanno maggiori probabilità di sopravvivere. Questo rende le popolazioni più resilienti alle fluttuazioni ambientali.

- **Medicina e Biotecnologia**
  Comprendere i meccanismi di adattamento ed evoluzione ha applicazioni cruciali in medicina, come lo sviluppo di trattamenti contro le malattie infettive e la gestione della resistenza agli antibiotici. Inoltre, la biotecnologia utilizza principi evolutivi per migliorare colture e produrre farmaci.

In sostanza, l'adattamento e l'evoluzione sono processi interconnessi che permettono agli esseri viventi di prosperare in una vasta gamma di ambienti.

Attraverso cambiamenti genetici e selezione naturale, le popolazioni sviluppano caratteristiche che migliorano la loro sopravvivenza e capacità di riproduzione.

Questo dinamico processo di cambiamento continua a plasmare la diversità della vita sul nostro pianeta.

## 2.7. Mantenimento dell'Omeostasi: Il Segreto dell'Equilibrio Interno

**L'omeostasi è il processo attraverso il quale gli esseri viventi mantengono un ambiente interno stabile nonostante le variazioni nell'ambiente esterno.**

Questo equilibrio è cruciale per il funzionamento ottimale delle cellule e, di conseguenza, per la salute e la sopravvivenza dell'organismo.

Vediamo più da vicino come gli organismi, e in particolare gli esseri umani, regolano le loro condizioni interne.

L'omeostasi, dunque, rappresenta una condizione di equilibrio dinamico che permette agli organismi di mantenere stabili i parametri fisiologici fondamentali, come temperatura, pH, concentrazione di glucosio nel sangue, livelli di ossigeno e anidride carbonica, equilibrio idrico e salino, e molti altri.

Gli organismi utilizzano una serie di meccanismi complessi per mantenere l'omeostasi. Questi meccanismi coinvolgono **sistemi di feedback negativi e positivi** che regolano le attività fisiologiche.

- **FEEDBACK NEGATIVO**: Un processo in cui un cambiamento in una condizione fisiologica innesca una risposta che contrasta quel cambiamento, riportando la condizione al suo stato normale.

*Esempio: Regolazione della temperatura corporea. Quando la temperatura corporea aumenta, i recettori del calore nella pelle e nel cervello rilevano questo cambiamento e inviano segnali ai centri di controllo del cervello (ipotalamo). L'ipotalamo innesca risposte come la sudorazione e la dilatazione dei vasi sanguigni, che aiutano a dissipare il calore e abbassare la temperatura corporea.*

- **FEEDBACK POSITIVO**: Un processo in cui un cambiamento in una condizione fisiologica innesca una risposta che amplifica quel cambiamento.

*Esempio: Il processo di coagulazione del sangue. Quando un vaso sanguigno è danneggiato, le piastrine si aggregano al sito di lesione e rilasciano sostanze chimiche che attirano altre piastrine, amplificando la risposta fino a formare un coagulo che ferma il sanguinamento.*

### 2.7.1. Principali Sistemi Omeostatici negli Esseri Umani

Vediamo subito quali sono:

- **REGOLAZIONE TEMPERATURA CORPO-REA**

  **Termoregolazione**: Il corpo umano mantiene una temperatura interna costante di circa 37°C (98.6°F) attraverso la termoregolazione. Quando fa caldo, il corpo suda per dissipare il calore attraverso l'evaporazione. Quando fa freddo, il corpo genera calore attraverso il brivido e restringe i vasi sanguigni per ridurre la perdita di calore.

- **REGOLAZIONE DEL pH SANGUIGNO**

  **Equilibrio Acido-Base**: Il corpo mantiene il pH del sangue entro un intervallo stretto di circa 7.35-7.45. Questo equilibrio è regolato dai reni e dal sistema respiratorio. I reni filtrano gli ioni di idrogeno in eccesso dal sangue e rilasciano bicarbonato per neutralizzare l'acidità, mentre i polmoni espellono l'anidride carbonica (che forma acido carbonico nel sangue) attraverso la respirazione.

- **REGOLAZIONE DELLA GLICEMIA**

  **Controllo della Glicemia**: Il livello di glucosio nel sangue è regolato da ormoni come l'insulina e il glucagone prodotti dal pancreas. Dopo un pasto, l'insulina abbassa i livelli di glucosio favorendo l'assorbimento di glucosio nelle cellule e la sua conversione in glicogeno. Quando i livelli di glucosio scendono, il glucagone stimola la conversione del glicogeno in glucosio, aumentando la glicemia.

- ## REGOLAZIONE EQUILIBRIO IDRICO E SALINO

**Equilibrio Idrico**: I reni giocano un ruolo chiave nel mantenimento dell'equilibrio idrico filtrando il sangue e regolando la quantità di acqua che viene riassorbita o espulsa come urina. L'ormone antidiuretico (ADH) regola la permeabilità dei tubuli renali all'acqua, aumentando il riassorbimento di acqua quando il corpo è disidratato.

**Bilancio Elettrolitico**: I reni regolano anche i livelli di elettroliti come sodio, potassio e calcio. L'aldosterone, un ormone prodotto dalle ghiandole surrenali, aumenta il riassorbimento di sodio e la secrezione di potassio, contribuendo al bilancio elettrolitico.

- ## REGOLAZIONE LIVELLI DI OSSIGENO E ANIDRIDE CARBONICA

**Controllo Respiratorio**: Il corpo regola i livelli di ossigeno e anidride carbonica attraverso la respirazione. I recettori chimici nei vasi sanguigni e nel cervello monitorano i livelli di ossigeno e anidride carbonica nel sangue e regolano la frequenza e la profondità della respirazione per mantenere questi livelli entro limiti ottimali.

L'omeostasi, pertanto, è fondamentale per la sopravvivenza e il funzionamento degli organismi viventi, essendo una sorta di sistema di vigilanza sulla salute.

**Senza l'omeostasi, le cellule e gli organi non potrebbero funzionare correttamente, portando a malattie e, in molti casi, alla morte.**

Gli esseri viventi hanno evoluto meccanismi complessi per mantenere l'equilibrio interno e rispondere in modo efficace ai cambiamenti ambientali.

In conclusione, **il mantenimento dell'omeostasi è un processo vitale che permette agli organismi di vivere e prosperare in ambienti variabili.**

Attraverso meccanismi di regolazione sofisticati, gli esseri viventi riescono a mantenere condizioni interne stabili, garantendo così la continuità delle loro funzioni biologiche.

## 2.7.2. Curiosità: La febbre come meccanismo di omeostasi

La febbre è un meccanismo di omeostasi che il corpo utilizza per combattere infezioni e malattie.

Ecco una spiegazione più approfondita su come e perché la febbre funziona come tale:

La febbre è un aumento temporaneo della temperatura corporea che si verifica in risposta a infezioni, infiammazioni o altre condizioni patologiche.

Quando il corpo rileva la presenza di agenti patogeni come batteri, virus o tossine, il sistema immunitario risponde producendo sostanze chimiche chiamate citochine. Queste molecole segnalano al cervello la presenza di un'infezione.

Le citochine influenzano l'ipotalamo, una parte del cervello che agisce come termostato del corpo. L'ipotalamo risponde modificando il punto di regolazione della temperatura corporea verso l'alto, impostando una nuova temperatura "obiettivo".

Per raggiungere questa nuova temperatura obiettivo, il corpo inizia a generare calore attraverso vari meccanismi:

**Perché sentiamo i Brividi di freddo?**
Perché i muscoli tremano per produrre calore.
I vasi sanguigni superficiali si restringono per ridurre la perdita di calore attraverso la pelle.

Il metabolismo aumenta per produrre più calore.

Molti batteri e virus che causano infezioni prosperano a temperature corporee normali. **Aumentando la temperatura corporea, la febbre crea un ambiente meno favorevole per la crescita e la replicazione di questi agenti patogeni.**

**Inoltre, la febbre stimola il sistema immunitario aumentando la produzione e l'attività dei globuli bianchi, che sono responsabili della distruzione dei patogeni.** Anche la mobilizzazione delle cellule immunitarie è migliorata a temperature più elevate.

A temperature elevate, alcuni enzimi e reazioni chimiche che favoriscono la guarigione e la riparazione dei tessuti danneggiati funzionano in modo più efficiente.

**La febbre, dunque, rappresenta un esempio di feedback negativo nel contesto dell'omeostasi.**

Una volta che l'infezione è sotto controllo e l'infiammazione diminuisce, le citochine e altre molecole infiammatorie diminuiscono, segnalando all'ipotalamo di ridurre il punto di regolazione della temperatura corporea. Il corpo quindi attiva **meccanismi per dissipare il calore:**

- **Sudorazione:** Evaporazione del sudore dalla pelle aiuta a raffreddare il corpo.

- **Vasodilatazione**: I vasi sanguigni si dilatano, aumentando la circolazione del sangue vicino alla superficie della pelle per disperdere il calore.

Insomma, da ora in poi, non devi vedere più la febbre come una cosa negativa. Anzi, **la febbre è un sofisticato meccanismo omeostatico che aiuta il corpo a combattere le infezioni**. Anche se può essere scomoda, è spesso un segno che il sistema immunitario sta lavorando efficacemente per proteggere l'organismo. Naturalmente, la febbre molto alta o persistente può essere pericolosa e richiedere attenzione medica.

Senza la febbre, non ti accorgeresti che il tuo corpo è vittima di una infezione e non potresti guarirne. Considerala, pertanto, anche un sintomo. Quindi, più che combattere la febbre, combatterai gli agenti patogeni, attraverso antibiotici, per esempio.

## 2.8. Complessità Chimica: Le Molecole della Vita

La complessità chimica degli esseri viventi è ciò che li distingue dalla materia inanimata: **gli organismi sono costituiti da un'ampia varietà di molecole organiche complesse che svolgono ruoli cruciali nella struttura e nelle funzioni vitali delle cellule.**

**Vediamo in dettaglio quali sono le <u>MOLECOLE ORGANICHE PRINCIPALI</u> e quali funzioni svolgono:**

- **PROTEINE**
  Le proteine sono polimeri composti da amminoacidi, collegati tra loro da legami peptidici.
  Esistono 20 amminoacidi comuni che possono combinarsi in innumerevoli sequenze per formare diverse proteine.

  *<u>Funzioni</u>:*
  . ***Strutturale****: Le proteine strutturali come il collagene e la cheratina forniscono supporto e forza a tessuti e organi.*
  . ***Enzimatico****: Le proteine enzimatiche catalizzano reazioni chimiche essenziali per il metabolismo.*
  . ***Trasporto****: Emoglobina e altre proteine di trasporto portano molecole essenziali come l'ossigeno attraverso il corpo.*
  . ***Regolatorio****: Gli ormoni proteici come l'insulina regolano vari processi fisiologici.*
  . ***Immunitario****: Gli anticorpi sono proteine che aiutano a difendere l'organismo dalle infezioni.*

- **CARBOIDRATI**

  I carboidrati sono composti da carbonio, idrogeno e ossigeno. Possono essere monosaccaridi (es. glucosio), disaccaridi (es. saccarosio) o polisaccaridi (es. amido, glicogeno, cellulosa).

  *Funzioni:*

  *. Energetica: I monosaccaridi come il glucosio sono la principale fonte di energia immediata per le cellule.*

  *. Riserva Energetica: I polisaccaridi come il glicogeno negli animali e l'amido nelle piante sono forme di riserva energetica.*

  *. Strutturale: La cellulosa nelle piante e la chitina negli insetti e crostacei forniscono supporto strutturale.*


- **LIPIDI**

  I lipidi comprendono una vasta gamma di molecole insolubili in acqua, tra cui trigliceridi, fosfolipidi e steroidi. I trigliceridi sono composti da glicerolo e tre acidi grassi.

  *Funzioni:*

  *. Riserva Energetica: I trigliceridi immagazzinano energia a lungo termine.*

  *. Strutturale: I fosfolipidi formano il doppio strato delle membrane cellulari.*

  *. Regolatorio: Gli steroidi come il colesterolo e gli ormoni steroidei regolano vari processi fisiologici.*

- **ACIDI NUCLEICI**

  Gli acidi nucleici, DNA e RNA, sono polimeri di nucleotidi. Un nucleotide è composto da una base azotata, uno zucchero pentoso e un gruppo fosfato.

  *Funzioni:*
  . *Informazione Genetica*: *Il DNA contiene le istruzioni genetiche per lo sviluppo, il funzionamento e la riproduzione degli organismi.*
  . *Sintesi Proteica*: *L'RNA trascrive le informazioni genetiche dal DNA e dirige la sintesi delle proteine.*

Queste molecole organiche non solo compongono gli esseri viventi, ma interagiscono anche tra loro in modi complessi per sostenere la vita.

Ecco alcuni aspetti della loro complessità:

- **Interazioni e Struttura**

  . **Livelli di Struttura delle Proteine**: Le proteine hanno quattro livelli di struttura (primaria, secondaria, terziaria e quaternaria) che determinano la loro forma e funzione.

  . **Interazioni Molecolari**: Le molecole organiche interagiscono attraverso legami idrogeno, legami ionici e interazioni idrofobiche, conferendo stabilità e funzionalità alle strutture biologiche.

- **<u>Metabolismo e Vie Biochimiche</u>**

  . **Catabolismo e Anabolismo**: Le vie cataboliche scompongono le molecole complesse per liberare energia, mentre le vie anaboliche sintetizzano nuove molecole necessarie alla crescita e alla riparazione.

  . **Ciclo dell'Acido Citrico e Fosforilazione Oxidativa**: Queste vie metaboliche complesse generano ATP, la principale fonte di energia per le cellule.

- **<u>Regolazione Genetica e Epigenetica</u>**

  . **Espressione Genica**: I geni nel DNA sono espressi in risposta a segnali cellulari, controllando la produzione di proteine e altre molecole essenziali.

  . **Epigenetica**: Le modifiche chimiche del DNA e delle proteine associate regolano l'accessibilità dei geni e la loro espressione senza alterare la sequenza del DNA.

Come avrai potuto capire, la complessità chimica degli esseri viventi è essenziale per la loro capacità di svolgere funzioni vitali, adattarsi all'ambiente e sopravvivere.

**Le molecole organiche, come proteine, carboidrati, lipidi e acidi nucleici, costituiscono la base della vita**, e la loro interazione complessa e coordinata rende possibile la straordinaria diversità degli organismi viventi.

**Esercizi**

## 1. Costruisci il Modello di una Cellula

Materiali:
Plastilina di vari colori, cartoncino, forbici, colla, etichette.

Istruzioni:

*Step 1: Disegna e ritaglia un grande cerchio su un cartoncino per rappresentare la membrana cellulare.*

*Step 2: Usa plastilina verde per modellare il citoplasma e posizionalo all'interno del cerchio.*

*Step 3: Crea piccoli cerchi con plastilina di altri colori per rappresentare i diversi organelli: nucleo (plastica gialla), mitocondri (plastica arancione), apparato di Golgi (plastica rosa), ribosomi (puntini blu), cloroplasti (plastica verde scuro per cellule vegetali), ecc.*

*Step 4: Incolla le etichette con i nomi degli organelli accanto a ciascun modello.*

*Step 5: Confronta il tuo modello con un diagramma reale di una cellula animale e vegetale.*

# 3. DNA: IL CODICE SEGRETO DELLA VITA

Il DNA è una delle scoperte più affascinanti della biologia moderna. Questo capitolo ti guiderà attraverso la sua struttura, il suo funzionamento e ti proporrà alcuni esperimenti divertenti per esplorare il DNA in modo pratico.

## 3.1. Che Cos'è il DNA?

Il **DNA**, o **ACIDO DESOSSIRIBONUCLEICO**, è la molecola che contiene le informazioni genetiche necessarie per la crescita, lo sviluppo, il funzionamento e la riproduzione di tutti gli organismi viventi.
**È il "manuale di istruzioni" della vita, scritto in un linguaggio chimico.**

Il DNA è composto da due filamenti che formano una struttura a doppia elica. Ogni filamento è costituito da nucleotidi, che sono a loro volta composti da una base azotata (adenina, timina, citosina o guanina), uno zucchero (desossiribosio) e un gruppo fosfato.

Le basi azotate si appaiano in modo specifico: adenina (A) con timina (T) e citosina (C) con guanina (G). Questi appaiamenti sono mantenuti insieme da legami idrogeno e formano i "gradini" della scala della doppia elica.

## 3.2. Come Funziona il DNA?

Il DNA funziona come un deposito di informazioni che viene utilizzato per costruire e mantenere un organismo.

Ecco come:

- **Replicazione**: La replicazione è il processo attraverso il quale il DNA si copia per prepararsi alla divisione cellulare. Questo assicura che ogni cellula figlia riceva una copia identica del DNA.
  *Processo: Gli enzimi srotolano la doppia elica del DNA e separano i due filamenti. Ogni filamento serve come modello per la sintesi di un nuovo filamento complementare, producendo due doppie eliche identiche.*

- **Trascrizione**: La trascrizione è il processo mediante il quale l'informazione contenuta in un gene del DNA viene copiata in una molecola di **RNA messaggero (mRNA)**.
  *Processo: Gli enzimi chiamati RNA polimerasi leggono il filamento di DNA e sintetizzano una catena di mRNA complementare, che porta le istruzioni del gene dal nucleo al citoplasma della cellula.*

- **Traduzione**: La traduzione è il processo mediante il quale l'informazione codificata nell'**mRNA** viene utilizzata per sintetizzare una proteina.
  *Processo: L'mRNA si lega ai ribosomi, e i **tRNA (trasfer RNA)** portano gli amminoacidi corrispondenti ai codoni dell'mRNA. I ribosomi uniscono gli amminoacidi in una catena polipeptidica, che si piega per formare una proteina funzionale.*

**Esercizi**

Per comprendere meglio il DNA e la sua importanza, puoi provare 2 esperimenti pratici.

## 1. Estrazione del DNA dalla Frutta

Materiali: Fragole, detergente per piatti, sale, alcol etilico (etanolo), sacchetto di plastica, filtro da caffè, bicchieri di plastica.

Procedura:

- *Schiaccia una fragola in un sacchetto di plastica.*

- *Aggiungi una soluzione di detergente per piatti e sale, mescola bene.*

- *Filtra il composto attraverso un filtro da caffè in un bicchiere.*

- *Aggiungi alcol freddo lentamente lungo il lato del bicchiere.*

- *Guarda come il DNA precipita e si accumula a strati nel bicchiere.*

## 2. Costruisci un Modello di DNA

Materiali: Caramelle gommose di diversi colori, stuzzicadenti, bastoncini per spiedini.

Procedura:

- *Usa le caramelle gommose per rappresentare le basi azotate (adenina, timina, citosina e guanina).*

- *Collega le basi complementari (A-T, C-G) con stuzzicadenti.*

- *Unisci gli stuzzicadenti a un bastoncino per spiedini per formare la doppia elica.*

- *Ruota il modello per vedere come le basi si appaiano nella doppia elica.*

# 4. IL MONDO MICROSCOPICO: BATTERI E VIRUS

Il mondo microscopico è affascinante e ricco di vita invisibile a occhio nudo. **Due dei principali attori in questo regno sono i batteri e i virus.**

Scopriamo di più su di loro e sull'importanza della microbiologia.

## 4.1. Conosciamo i Batteri

**I batteri sono microrganismi unicellulari appartenenti al regno dei procarioti.**

Sono estremamente versatili e abitano praticamente ogni ambiente sulla Terra, dai suoli profondi agli ambienti estremamente caldi o salati, fino al nostro corpo.

I batteri hanno una struttura semplice senza nucleo definito. Il loro materiale genetico (DNA) è contenuto in un'unica molecola circolare all'interno del citoplasma.

Hanno una **membrana cellulare** e spesso una parete cellulare rigida che fornisce supporto e protezione.

Alcuni batteri possiedono anche strutture aggiuntive come **flagelli** (per la mobilità) e **pili** (per l'adesione alle superfici).

I batteri si riproducono principalmente attraverso un processo chiamato **fissione binaria**, in cui una singola cellula si divide in due cellule figlie identiche.

**I batteri possono avere vari Ruoli e Funzioni**. Vediamoli:

- **Benefici**: Molti batteri sono essenziali per la vita. Ad esempio, i batteri del nostro intestino (microbiota intestinale) aiutano nella digestione e nella produzione di vitamine. Alcuni batteri sono utilizzati nella produzione di alimenti come yogurt, formaggio e aceto.

- **Patogeni**: Alcuni batteri possono causare malattie, come lo *Streptococcus pyogenes* (tonsillite) o la *Mycobacterium tuberculosis* (tubercolosi). Questi batteri patogeni possono essere contrastati con antibiotici.

**I batteri si distinguono per la loro forma:**

- **Bacilli**: A forma di bastoncino; si dividono in Clostridia (anaerobi) e Bacilli (anaerobi e/o aerobi).
- **Cocchi**: Sferici; se si dispongono a coppia si chiamano diplococchi, a catena si chiamano streptococchi, a grappolo si chiamano stafilococchi, a forma di cubo si chiamano sarcine.
- **Vibrioni**: A forma di virgola.
- **Spirilli**: A spirale.
- **Spirochete**: Con più curve.

Un'altra importante classificazione dei batteri è basata sulla temperatura ottimale alla quale possono crescere, suddividendoli in tre sottoclassi:

- **Batteri Criofili o Psicrofili**: Crescono a basse temperature.
- **Batteri Mesofili**: Crescono a temperature moderate.
- **Batteri Termofili**: Crescono a temperature elevate.

Inoltre, i batteri possono essere classificati in base alla loro relazione con un organismo:

- **Batteri Commensali (o Simbionti)**: Normalmente presenti sulla superficie di un determinato tessuto, senza causare malattia e/o possono svolgere funzioni utili all'organo stesso.
- **Batteri Patogeni**: La cui presenza indica patologia e infezione.
- **Patogeni Facoltativi**: Non causano sempre malattia, dipende dall'individuo e dalla loro concentrazione.
- **Patogeni Obbligati**: Causano malattia indipendentemente dal contesto.

## 4.2. Scopriamo i Virus

**I virus sono entità biologiche che occupano un'area grigia tra l'essere considerati viventi o non viventi.**

**<u>Non possono riprodursi autonomamente e necessitano di infettare una cellula ospite per replicarsi.</u>**

I virus sono composti da una capsula proteica che racchiude il materiale genetico, che può essere DNA o RNA. Alcuni virus hanno una membrana lipidica esterna derivata dalla cellula ospite.

**Ciclo di Vita di un virus:**

- **Attacco**: Il virus si lega a una cellula ospite specifica.

- **Penetrazione**: Il virus o il suo materiale genetico entra nella cellula ospite.

- **Replicazione e Assemblaggio**: Utilizzando i meccanismi della cellula ospite, il virus replica il suo materiale genetico e produce nuove particelle virali.

- **Rilascio**: Le nuove particelle virali vengono rilasciate dalla cellula ospite, spesso causando la morte della cellula, e possono infettare nuove cellule.

## Quali sono i Ruoli e le Funzioni dei virus?

- **Malattie:** Molti virus causano malattie negli esseri umani, come l'influenza (virus influenzale), il raffreddore comune (rinovirus), *HIV/AIDS* (virus dell'immunodeficienza umana) e *COVID-19* (coronavirus *SARS-CoV-2*).

- **Utilizzi nella Ricerca e nella Medicina**: I virus sono utilizzati nella terapia genica per introdurre geni correttivi nelle cellule umane e nella produzione di vaccini.

### 4.3. L'Importanza della Microbiologia

**La microbiologia è lo studio dei microrganismi,** inclusi batteri, virus, funghi e protozoi.

Questa disciplina è fondamentale per la nostra comprensione della vita e per molte applicazioni pratiche.

La microbiologia ha rivoluzionato la **medicina**, permettendo lo sviluppo di antibiotici, vaccini e tecniche di diagnostica molecolare che migliorano la nostra capacità di prevenire e trattare malattie infettive.

In **biotecnologia**, i microrganismi sono utilizzati nella produzione di enzimi, vitamine, antibiotici, biofuel e molti altri prodotti.

In **agricoltura**, la microbiologia è cruciale per la salute del suolo e delle piante. I batteri e i funghi del suolo aiutano la decomposizione della materia organica e la fissazione dell'azoto, migliorando la fertilità del suolo.

Per l'**ambiente**, i microrganismi giocano un ruolo chiave nel ciclo dei nutrienti, nella biodegradazione dei contaminanti e nella gestione dei rifiuti.

**La microbiologia, dunque, ci offre una finestra sul mondo invisibile che sostiene la vita** e ci permette di sfruttare le potenzialità dei microrganismi per il benessere umano e ambientale.

Esplorare questo regno microscopico ci aiuta a comprendere meglio la complessità e la bellezza della vita stessa.

La microbiologia, comunque, è un campo di studio in continua evoluzione e crescita. Stime affidabili suggeriscono che **<u>solo l'1% dei microrganismi presenti nei vari habitat è stato identificato o studiato</u>**, nonostante siano passati oltre tre secoli dalla nascita della microbiologia.

Le conoscenze acquisite fino ad ora sono significative, soprattutto riguardo ai microrganismi che hanno effetti rilevanti sull'uomo, che siano benigni, indispensabili o patogeni come i batteri che causano malattie.

### 4.3.1. I Microrganismi e le Brache della Microbiologia

I microrganismi, oggetto di studio della microbiologia, sono esseri viventi che appartengono a vari regni:

- **PROCARIOTI** (batteri e archea)
  Gli archea sono simili ai batteri ma vivono in ambienti estremi, come sorgenti termali, laghi salati e paludi anaerobiche.

- **EUCARIOTI** (lieviti, funghi, alghe, protisti, ecc.)
  Gli eucarioti sono organismi le cui cellule possiedono un nucleo definito e altri organelli delimitati da membrane. Questo distingue gli eucarioti dai procarioti, come batteri e archea, che non hanno un nucleo vero e proprio.

  Gli eucarioti includono una vasta gamma di organismi, dai protisti unicellulari agli animali (tra cui l'uomo), piante e funghi pluricellulari.

  I **protisti** sono un gruppo eterogeneo di organismi eucarioti, che non possono essere facilmente classificati come piante, animali o funghi. Essi costituiscono un regno a sé stante all'interno della classificazione degli esseri viventi. Questo gruppo comprende una vasta gamma di organismi, molti dei quali sono unicellulari, ma possono anche essere multicellulari o coloniali.

Inoltre, il mondo dei microrganismi **include anche elementi come i virus**, che, a differenza di procarioti ed eucarioti, non sono considerati esseri viventi in senso stretto.

Con l'avanzare delle conoscenze in questo campo, sono emerse varie **branche della microbiologia** dedicate allo studio specifico di alcuni tipi di microrganismi.

Tra queste, le più rilevanti sono:

- **Virologia**: Si occupa dello studio dei virus.
- **Batteriologia**: Studia i batteri e gli archea, esseri procarioti che per lungo tempo sono stati considerati simili ai batteri stessi.
- **Micologia**: Studia i miceti, ossia i funghi, sia in forma unicellulare (lieviti) che pluricellulare (muffe).
- **Protozoologia**: Si dedica allo studio dei protozoi.
- **Fisiologia Microbica**: Studia la fisiologia e la biochimica delle cellule dei microrganismi, includendo la crescita microbica, il metabolismo e la struttura cellulare.
- **Genetica Microbica**: Esplora la genetica dei microrganismi, investigando come i geni sono organizzati e regolati nei microrganismi in relazione alle loro funzioni cellulari.
- **Microbiologia Evoluzionistica**: Studia l'evoluzione dei microrganismi, includendo la tassonomia e la sistematica batterica.

## 4.3.2. Differenze tra Microbi, Germi, Batteri e Virus

Si potrebbe fare facilmente confusione tra questi termini ma cerchiamo di fare un po' di ordine e vediamo di cosa si tratta:

- **Microbi**
  I microbi sono organismi microscopici che possono essere unicellulari o pluricellulari. **Il termine "microbo" da un punto di vista microbiologico è molto generico** visto che include una vasta gamma di organismi, tra cui batteri, archea, funghi, alghe, protozoi e anche virus.
  Esempi: Batteri, funghi, protozoi, alghe, virus.

- **Germi**
  Il termine "germi" è un termine generico utilizzato per descrivere microrganismi che possono causare malattie. Può includere batteri, virus, funghi e protozoi patogeni. Questo termine è spesso utilizzato in un contesto medico e sanitario per riferirsi a microrganismi infettivi.

- **Batteri**
  I batteri sono procarioti unicellulari. Sono uno dei tipi di microbi più comuni e possono essere trovati in quasi tutti gli ambienti sulla Terra.
  I batteri non hanno un nucleo definito; il loro materiale genetico è disperso nel citoplasma.
  **Possono essere benefici** (come quelli del **microbiota intestinale**), **neutri o patogeni** (come lo *Streptococcus pyogenes* che causa la tonsillite).

- **Virus**

  Sono particelle microscopiche che non possono replicarsi autonomamente. **Hanno bisogno di infettare una cellula ospite per riprodursi.**

  Un virus è costituito da un nucleo di materiale genetico (DNA o RNA) avvolto in un involucro proteico, e talvolta da una membrana lipidica.

  <u>**Non sono considerati veri esseri viventi**</u> perché mancano delle strutture cellulari necessarie per il metabolismo e la riproduzione indipendente.

  Esempi: Virus influenzale, virus HIV, virus SARS-CoV-2.

**Differenze Chiave:**

- **Microbi vs. Germi**: I microbi includono tutti i microrganismi, mentre i germi si riferiscono specificamente a quelli che possono causare malattie.

- **Batteri vs. Virus**: I batteri sono cellule viventi capaci di auto-replicarsi, con un nucleoide, mentre i virus sono entità non viventi che necessitano di una cellula ospite per riprodursi.

## 4.4. Microbiota: i batteri del nostro corpo

Il microbiota è l'insieme dei microrganismi (batteri, archea, virus, funghi e altri) che vivono in un ambiente specifico del corpo umano o animale, come l'intestino, la pelle, la bocca, o altre mucose.

**Questi microrganismi svolgono ruoli cruciali nella salute dell'ospite, interagendo con le cellule del corpo e influenzando vari processi fisiologici.**

**Tipi di Microbiota:**

- **Microbiota Intestinale**
  È uno dei più studiati e contiene trilioni di microrganismi, principalmente batteri, che risiedono nell'intestino.
  *Funzioni:*
  *. Digestione: Aiuta nella digestione e nell'assorbimento dei nutrienti.*
  *. Sintesi di Vitamine: Produce vitamine essenziali, come la vitamina K e alcune vitamine del gruppo B.*
  *. Protezione: Impedisce la colonizzazione di patogeni competendo per i nutrienti e producendo sostanze antimicrobiche.*
  *. Sistema Immunitario: Modula il sistema immunitario, aiutando a mantenere un equilibrio tra tolleranza e risposta immunitaria.*

- **Microbiota della Pelle**

  La pelle ospita vari microrganismi che formano una barriera protettiva contro gli agenti patogeni esterni.

  *Funzioni:*

  *. Protezione: Protegge contro le infezioni attraverso la produzione di peptidi antimicrobici.*

  *. Interazione: Interagisce con il sistema immunitario cutaneo per mantenere la salute della pelle.*


- **Microbiota Orale**

  Comprende i microrganismi presenti nella bocca, che formano una comunità complessa e dinamica.

  *Funzioni:*

  *. Digestione: Inizia il processo di digestione attraverso la decomposizione di zuccheri e amidi.*

  *. Protezione: Protegge contro patogeni orali e aiuta a mantenere l'equilibrio microbico per prevenire malattie come la carie e la parodontite.*


**Un microbiota equilibrato è essenziale per il mantenimento della salute generale e può prevenire malattie croniche come obesità, diabete, malattie cardiovascolari e disturbi infiammatori intestinali.**

Un'alterazione nell'equilibrio del microbiota, nota come **disbiosi**, può contribuire allo sviluppo di varie malattie.

Ad esempio, una **disbiosi intestinale** è stata associata a malattie infiammatorie intestinali, sindrome dell'intestino irritabile e infezioni ricorrenti.

<u>**L'uso di probiotici (microrganismi vivi benefici) e pre-
biotici (sostanze che favoriscono la crescita di microrganismi benefici) può aiutare a mantenere o ripristinare un
microbiota sano**</u>.

La ricerca sul microbiota è un campo in rapida crescita, con
studi che esplorano la connessione tra microbiota e salute
mentale, risposte immunitarie, malattie autoimmuni e persino
comportamento.

Tecniche avanzate di sequenziamento del DNA stanno permettendo ai ricercatori di identificare e comprendere meglio
le popolazioni microbiche e le loro funzioni.

**Esercizi**

**1. Rispondi correttamente alle seguenti domande:**

A. I flagelli a cosa servono?

- A far muovere i batteri.
- A far replicare i batteri.
- A far diffondere i virus.

B. I batteri hanno un nucleo definito?

- SI
- NO
- Dipende

C. Come si diffondono i batteri?

- Per osmosi
- Per fissione binaria
- Per accoppiamento

D. Come si chiama il virus del raffreddore?

- Sars
- Influenzale
- Rinovirus

E. Cosa è un archaea?

- Un tipo di virus
- Un tipo di fungo
- Un procariota

**Soluzioni**

*A = A far muovere i batteri*
*B = NO*
*C = Fissione binaria*
*D = Rinovirus*
*E = Un procariota*

# 5. I REGNI DELLA VITA: UN VIAGGIO TRA PIANTE, ANIMALI E ALTRI ORGANISMI

La diversità della vita sulla Terra è incredibile, e può essere organizzata in vari regni, ognuno con le proprie caratteristiche uniche.

In questo capitolo, esploreremo **I PRINCIPALI REGNI DELLA VITA: LE PIANTE, GLI ANIMALI, I FUNGHI, I PROTISTI E LE MONERE.**

## 5.1. Il Regno delle Piante

Il regno delle piante comprende **organismi pluricellulari**, la maggior parte dei quali è **autotrofa**, cioè in grado di produrre il proprio cibo attraverso la **fotosintesi**.

### 5.1.1. La Fotosintesi Clorofilliana: Un Processo Fondamentale per la Vita

La fotosintesi clorofilliana è il **processo biologico** attraverso il quale le piante, le alghe e alcuni batteri catturano l'energia solare e la utilizzano per convertire l'anidride carbonica e l'acqua in glucosio e ossigeno. Questo processo è essenziale per la produzione di energia e ossigeno sulla Terra.

Proprio per questo i parchi sono definiti i "polmoni verdi" delle città, in quanto ne depurano l'aria, trasformando l'anidride carbonica in ossigeno. Combatti affinché la tua città diventi sempre più verde e affinché gli alberi non vengano considerati solo ornamentale arredo urbano. Non sono oggetti come una fontana o una panchina ma preziose forme di vita. <u>Preserviamo il verde delle nostre città e lottiamo affinché esso aumenti.</u>

**La fotosintesi può essere suddivisa in due fasi principali: la Fase Luminosa e la Fase Oscura (o ciclo di Calvin).**

- **FASE LUMINOSA**: Avviene nelle membrane dei tilacoidi, all'interno dei cloroplasti.

  ***Processo:***

  *. **Assorbimento della Luce**: I pigmenti clorofilliani (principalmente la clorofilla a) assorbono la luce solare. Questo assorbimento eccita gli elettroni, innalzandoli a un livello energetico superiore.*

  *. **Fotolisi dell'Acqua**: L'energia della luce viene utilizzata per scindere l'acqua in ossigeno, protoni (ioni $H+$) ed elettroni. L'ossigeno viene rilasciato come sottoprodotto.*

  *. **Trasporto degli Elettroni**: Gli elettroni eccitati vengono trasferiti attraverso una catena di trasporto degli elettroni, situata nella membrana dei tilacoidi. Durante questo processo, viene prodotta energia sotto forma di ATP (adenosina trifosfato) e NADPH (nicotinammide adenina dinucleotide fosfato).*

  *. **Sintesi dell'ATP**: L'energia rilasciata durante il trasporto degli elettroni è utilizzata per pompare protoni nello spazio tilacoidale, creando un gradiente di protoni. Questo gradiente viene utilizzato dall'enzima ATP sintasi per sintetizzare ATP.*

- **FASE OSCURA (CICLO DI CALVIN)**: Avviene nello stroma del cloroplasto.

  *Processo:*

  *. Fissazione del Carbonio: L'anidride carbonica viene fissata in una molecola organica da un enzima chiamato ribulosio-1,5-bisfosfato carbossilasi/ossigenasi (Rubisco). Questo produce un composto instabile che si scinde in due molecole di 3-fosfoglicerato (3-PGA).*

  *. Riduzione: Utilizzando ATP e NADPH prodotti nella fase luminosa, il 3-PGA viene ridotto a gliceraldeide-3-fosfato (G3P), un trioso fosfato.*

  *. Rigenerazione: Alcune molecole di G3P vengono utilizzate per rigenerare il ribulosio-1,5-bisfosfato (RuBP), il substrato iniziale del ciclo di Calvin. Questo processo richiede l'uso di ulteriori molecole di ATP.*

In sintesi, **la Fotosintesi è importante per i seguenti fattori:**

- *Produzione di Ossigeno: La fotosintesi produce ossigeno, che è essenziale per la respirazione di quasi tutti gli esseri viventi.*

- *Produzione di Energia: Il glucosio prodotto durante la fotosintesi è utilizzato come fonte di energia per la crescita e lo sviluppo delle piante, e indirettamente, per tutti gli animali che dipendono dalle piante per il nutrimento.*

- *Ciclo del Carbonio: La fotosintesi svolge un ruolo cruciale nel ciclo del carbonio, sequestrando anidride carbonica dall'atmosfera e contribuendo a mitigare i cambiamenti climatici.*

## 5.1.2. La riproduzione delle piante

**Le piante possono riprodursi sessualmente attraverso fiori e semi o asessualmente tramite rizomi, tuberi e stoloni.**

Entrambi i metodi permettono alle piante di generare nuove piante, ma differiscono significativamente nei processi e nei meccanismi coinvolti:

### 5.1.2.1. Riproduzione Sessuale

**La riproduzione sessuale delle piante coinvolge la combinazione di gameti maschili e femminili per formare un seme,** che darà origine a una nuova pianta.

Questo processo è comune nelle piante da fiore (angiosperme) e nelle gimnosperme (come le conifere).

Vediamo le sue tappe:

- **Fioritura e Formazione dei Gameti**
  Stami: Gli stami sono le strutture maschili del fiore e producono polline, che contiene i gameti maschili.
  Pistillo: Il pistillo è la struttura femminile del fiore e contiene l'ovario, che produce gli ovuli.

- **Impollinazione**: È il trasferimento del polline dagli stami al pistillo. Questo può avvenire attraverso vari agenti come vento, acqua, insetti, uccelli e altri animali.

**Autofecondazione vs. Impollinazione Incrociata**:
L'autofecondazione avviene quando il polline dello
stesso fiore fertilizza i suoi ovuli, mentre l'impollinazione incrociata avviene tra fiori di piante diverse della
stessa specie.

- **Fertilizzazione**: Una volta che il polline raggiunge
  l'ovulo, avviene la fertilizzazione. Il gamete maschile
  si fonde con il gamete femminile formando uno zigote.
  Lo zigote si sviluppa in un embrione e l'ovulo fertilizzato si trasforma in un seme, che contiene le sostanze
  nutritive necessarie per la crescita iniziale della pianta.

- **Dispersione dei Semi**
  I semi vengono dispersi attraverso vari metodi come
  il vento, l'acqua, gli animali e gli esseri umani. Questo
  processo permette ai semi di raggiungere nuovi ambienti dove possono germinare e crescere.

**Hai mai sentito parlare dell'importanza delle api per l'impollinazione?**

Le api sono cruciali per l'impollinazione per diverse ragioni:

* **Efficienza**
  Le api hanno corpi pelosi che raccolgono facilmente il polline. Quando visitano i fiori per nutrirsi di nettare, il polline si attacca ai loro peli e viene trasferito da un fiore all'altro, facilitando l'impollinazione.
  Le api visitano moltissimi fiori ogni giorno, aumentando le possibilità di impollinazione.

* **Fedeltà al Fiore**
  Le api tendono a visitare lo stesso tipo di fiore in una singola uscita. Questa "fedeltà" al fiore specifico migliora l'efficacia dell'impollinazione crociata, poiché il polline di un tipo di fiore viene trasferito ai fiori della stessa specie.

* **Comportamento Sociale**
  Le api mellifere, in particolare, vivono in grandi colonie e collaborano per cercare cibo, il che significa che molte api sono fuori in cerca di fiori contemporaneamente, aumentando così la probabilità di impollinazione.

Le api giocano un ruolo cruciale nell'impollinazione, ma non sono gli unici impollinatori. Un'ampia varietà di insetti, animali e persino elementi abiotici contribuiscono a questo importante processo, mantenendo così la biodiversità e la produzione alimentare.

**Oltre alle api, dunque, molti altri insetti e agenti contribuiscono all'impollinazione:**

- **Farfalle e Falene:** Le farfalle e le falene sono attratte da fiori colorati e profumati. Visitano i fiori per nutrirsi di nettare, trasferendo il polline da un fiore all'altro mentre si alimentano. Le falene sono particolarmente attive di notte, impollinando fiori che si aprono o emanano fragranze notturne.

- **Coleotteri:** Sono tra i primi impollinatori evolutisi e sono particolarmente attratti dai fiori con grandi quantità di polline e quelli con fiori robusti. Visitano i fiori per nutrirsi di polline, nettare e tessuti floreali.

- **Mosche:** Sono importanti impollinatori, specialmente in ambienti freddi o ad altitudini elevate dove le api sono meno attive. Alcune mosche, come le mosche della carne, sono attratte da fiori che emettono odori forti e spesso sgradevoli, simili a quelli della carne in decomposizione.

- **Vespe:** Sebbene meno efficienti delle api, possono comunque contribuire all'impollinazione mentre visitano i fiori per nutrirsi di nettare e piccoli insetti. Visitano sia fiori aperti che chiusi.

**Agenti Non Insetti:**

- **Uccelli**
  Alcuni uccelli, come i colibrì, sono impollinatori importanti, soprattutto nei tropici. Visitano i fiori per nutrirsi di nettare, e trasferiscono il polline con il loro becco e testa. Spesso impollinano fiori di forma tubolare che producono grandi quantità di nettare.

- **Mammiferi**
  Alcuni piccoli mammiferi, come i pipistrelli e i roditori, possono anche contribuire all'impollinazione.
  I pipistrelli, in particolare, sono impollinatori notturni di fiori che si aprono di notte e producono nettare abbondante. Vari animali, inoltre, sono essenziali per l'impollinazione di piante in ambienti desertici e tropicali.

- **Vento e Acqua**
  Alcune piante sono impollinate attraverso **meccanismi abiotici** come il vento e l'acqua. Il vento è un agente comune per piante con polline leggero e facilmente trasportabile, come le graminacee. L'acqua è meno comune, ma può essere importante per piante acquatiche.

### 5.1.2.2. Riproduzione Asessuata

La riproduzione asessuata o vegetativa, permette alle piante di generare nuove piante senza la formazione di gameti (semi).

**Questo avviene attraverso vari meccanismi che coinvolgono parti della pianta madre:**

- **Talee**: Un frammento di pianta, come una foglia, un fusto o una radice, viene piantato nel terreno e sviluppa nuove radici, formando una nuova pianta.
  Esempio: Le rose possono essere propagate attraverso talee di fusto.

- **Stoloni**: Alcune piante sviluppano stoloni, ovvero fusti orizzontali che crescono sopra o appena sotto la superficie del suolo e producono nuove piante ai nodi.
  Esempio: Le fragole utilizzano gli stoloni per propagarsi.

- **Bulbi e Rizomi**: I bulbi (es. cipolla) e i rizomi (es. zenzero) sono strutture sotterranee che possono generare nuove piante a partire da una singola pianta madre.
  Esempio: I tulipani si riproducono attraverso bulbi, mentre il bambù utilizza rizomi.

- **Propagazione per Margotta**: Un metodo in cui un ramo della pianta madre viene piegato fino a toccare

il suolo e viene parzialmente sepolto, formando nuove radici nel punto di contatto.
Esempio: Il filodendro può essere propagato per margotta.

La capacità delle piante di riprodursi sia sessualmente che asessualmente è cruciale per la loro sopravvivenza e diffusione. La riproduzione sessuale aumenta la variabilità genetica, che può migliorare l'adattabilità delle piante ai cambiamenti ambientali. La riproduzione asessuata permette una rapida espansione e colonizzazione di nuovi habitat.

## 5.2. Tipi di piante

**Il mondo delle piante è incredibilmente diversificato,** con una vasta gamma di specie che si adattano a diversi ambienti e svolgono funzioni essenziali per la vita sulla Terra.

Di seguito, una panoramica dei principali tipi di piante.

### 5.2.1. Piante Vascolari e Non Vascolari

**Le Piante Non Vascolari (Briofite) <u>non hanno un sistema vascolare per il trasporto di acqua e nutrienti</u>.**
Crescono in ambienti umidi e ombrosi; assorbono acqua direttamente attraverso le cellule.
*Esempi: Muschi (Bryophyta), epatiche (Marchantiophyta), antoceri (Anthocerotophyta).*

**Le Piante Vascolari, invece, hanno un sistema vascolare (xilema e floema) per il trasporto di acqua, nutrienti e sostanze organiche.**

### 5.2.1.1. Tipi di Piante Vascolari

Le possiamo dividere in 3 macro-categorie:

- **PTERIDOFITE (FELCI): <u>Piante vascolari senza semi che si riproducono tramite spore</u>.**
  Hanno fronde e rizomi; crescono spesso in ambienti umidi e ombrosi.

*Esempi: Felci comuni (Pteridium), felci arborescenti (Cyathea).*


- **GIMNOSPERME**: <u>**Piante con semi non racchiusi in frutti**</u>; i semi sono esposti su coni o strutture simili.
Hanno foglie aghiformi o squamose, e spesso sono sempreverdi.

  *Esempi: Pini (Pinus), abeti (Abies), cipressi (Cupressus), ginkgo (Ginkgo biloba).*


- **ANGIOSPERME (PIANTE DA FIORE)**: <u>**Piante con semi racchiusi in frutti**</u>; rappresentano la maggioranza delle piante terrestri.
Presentano una grande varietà di forme, dimensioni e adattamenti; fiori complessi che attraggono impollinatori.

  *Esempi:*
  *. **Monocotiledoni**: Piante con un singolo cotiledone, foglie parallelinervie, fiori in multipli di tre.*
  *Es: erba (Poaceae), giglio (Liliaceae), palma (Arecaceae).*
  *. **Dicotiledoni**: Piante con due cotiledoni, foglie retinervie, fiori in multipli di quattro o cinque.*
  *Es: roso (Rosaceae), querce (Fagaceae), fagioli (Fabaceae).*

### 5.2.2. Piante Specializzate

- **PIANTE PARASSITE**: <u>Derivano parte o tutti i loro nutrienti da altre piante</u>, a cui si attaccano.
  Possono essere totalmente o parzialmente parassite; alcune non fotosintetizzano.
  *Esempi: Vischio (Viscum album), rafflesia (Rafflesia arnoldii), cuscuta (Cuscuta).*

- **PIANTE SUCCULENTE**: <u>Immagazzinano acqua</u> in foglie, steli o radici per sopravvivere in ambienti aridi.
  Hanno foglie carnose, spesso coperte da una cuticola cerosa per ridurre la perdita d'acqua.
  *Esempi: Cactus (Cactaceae), aloe (Aloe vera), agave (Agave).*

- **PIANTE CARNIVORE**: <u>Ottengono alcuni o la maggior parte dei nutrienti catturando e digerendo insetti e altri piccoli animali</u>.
  Crescono in suoli poveri di nutrienti; hanno trappole specializzate.
  *Esempi: Venus acchiappamosche (Dionaea muscipula), nepente (Nepenthes), drosera (Drosera).*

**Anche a te fanno un po' paura le piante carnivore?**
A me fanno paurissima, sin da piccolo!

**Ti va di approfondirle un attimo?**

Queste piante si trovano spesso in ambienti con suoli poveri di nutrienti, come paludi, torbiere, e terreni sabbiosi, dove la disponibilità di azoto e fosforo è limitata. Dunque, per sopravvivere hanno dovuto adattarsi…

**Ma come fanno?**

Essendo predatrici, **usano Trappole:**

- **Trappole a Scatto**: Come la Venere acchiappamosche (Dionaea muscipula), che ha foglie modificate che si chiudono rapidamente quando vengono stimolate.

- **Trappole a Urna**: Come le piante del genere Nepenthes e Sarracenia, che hanno foglie a forma di brocca riempite di liquido digestivo.

- **Trappole Adesive**: Come le Drosera, che hanno foglie ricoperte di ghiandole che secernono una sostanza appiccicosa per catturare le prede.

- **Trappole a Suzione**: Come le Utricularia, che hanno piccole sacche che aspirano rapidamente le prede acquatiche quando vengono stimolate.

Per la **Digestione e Nutrizione** le piante carnivore secernono enzimi digestivi per scomporre le proteine e altri composti organici delle loro prede, assorbendo i nutrienti necessari, proprio come gli altri animali, uomo compreso.
Potremmo dire quindi che sono "**piante animalesche**".

Ma sono davvero pericolose?

**<u>Le piante carnivore non sono pericolose per gli esseri umani</u>**. Le loro trappole sono progettate per catturare piccoli insetti e altri artropodi, e non hanno la forza o la capacità di catturare o digerire esseri umani.

**Per la maggior parte degli animali domestici e selvatici di medie e grandi dimensioni, le piante carnivore non rappresentano una minaccia.**

Tuttavia, piccoli insetti, aracnidi, e occasionalmente piccoli anfibi possono essere catturati e digeriti da queste piante. Anche piccoli roditori o uccelli possono essere attratti dalle trappole a urne, ma casi di cattura di vertebrati sono estremamente rari e generalmente avvengono per incidenti.

Le piante carnivore, pertanto, sono straordinarie non solo per i loro adattamenti unici, ma anche per il ruolo che giocano negli ecosistemi, contribuendo alla regolazione delle popolazioni di insetti. Sebbene possano sembrare minacciose, la loro interazione con il mondo animale è generalmente limitata a prede molto piccole.

### 5.2.3. Piante Acquatiche

Le **Piante Idrofite** sono quelle che vivono in ambienti acquatici.

Possono essere sommerse, galleggianti o radicate nel fondo con foglie galleggianti.

*Esempi: Ninfea (Nymphaea), elodea (Elodea canadensis), giacinto d'acqua (Eichhornia crassipes).*

## RIPETIAMO i Tipi di Piante:

- **Briofite**: Muschi e epatiche, piante non vascolari che vivono in ambienti umidi.

- **Pteridofite**: Felci, piante vascolari senza semi.

- **Gimnosperme**: Conifere, piante vascolari con semi non protetti da frutti.

- **Angiosperme**: Piante da fiore, le più numerose e diversificate, con semi protetti da frutti.

## 5.2.3.1. Le ALGHE non sono piante!

*"Clamoroso al Cibali!"*, direbbe qualcuno…

Ebbene sì: <u>**Le alghe sono organismi fotosintetici che vivono prevalentemente in ambienti acquatici, ma non sono classificate come piante**</u>.

*Pensavi fossero piante acquatiche, vero?*

Sebbene abbiano alcune caratteristiche in comune con le piante, come la capacità di fotosintetizzare, **<u>le alghe appartengono a gruppi tassonomici diversi e includono una vasta gamma di organismi, dai microscopici fitoplancton, alle grandi alghe marine come le kelp</u>**.

Come le piante, le alghe contengono clorofilla e altri pigmenti fotosintetici che permettono loro di convertire la luce solare in energia chimica.

Le alghe vivono principalmente in ambienti acquatici, sia d'acqua dolce che salata. Possono anche abitare ambienti umidi o superfici bagnate.

Le alghe comprendono una vasta gamma di organismi suddivisi in gruppi principali:

- **Alghe Verdi (Chlorophyta)**: Principalmente d'acqua dolce, ma alcune specie vivono in ambienti marini.
- **Alghe Brune (Phaeophyceae)**: Predominano negli oceani, con le kelp che formano grandi foreste marine.
- **Alghe Rosse (Rhodophyta)**: Diffuse soprattutto in ambienti marini.
- **Diatomee**: Fitoplancton con gusci silicei, importanti per il ciclo del carbonio negli oceani.
- **Dinoflagellate**: Alcune specie causano le fioriture algali note come "maree rosse".

**Ma cerchiamo di capirci qualcosa in più: quali sono le Differenze tra Alghe e Piante?**

- **Struttura**: Le piante sono organismi complessi con tessuti specializzati, radici, fusti e foglie. Le alghe, invece, non hanno queste strutture differenziate e possono essere unicellulari o formare semplici colonie o filamenti.

- **Classificazione**: Le piante appartengono al regno Plantae, mentre le alghe sono distribuite tra vari regni, tra cui Protista e alcune suddivisioni di Plantae.

- **Riproduzione**: Le piante si riproducono tramite semi o spore, con cicli di vita complessi che includono alternanza di generazioni. Le alghe hanno vari metodi di riproduzione, sia sessuale che asessuale, spesso con cicli di vita meno complessi.

**Perché le Alghe sono importanti?**

Per svariati motivi, tra cui:

- **Produzione di Ossigeno**: Le alghe marine e il fitoplancton producono gran parte dell'ossigeno atmosferico attraverso la fotosintesi.

- **Base della Catena Alimentare Acquatica**: Costituiscono la base della rete trofica negli ecosistemi acquatici, nutrendo vari organismi marini.

- **Utilizzi Commerciali**: Le alghe sono utilizzate nell'industria alimentare, cosmetica, agricola e farmaceutica. Prodotti derivati come l'agar e gli alginati hanno molteplici applicazioni.

## Curiosità: in fondo all'oceano vivono alghe? E come fanno a vivere senza luce?

Le alghe, come la maggior parte degli organismi fotosintetici, dipendono dalla luce solare per la fotosintesi e quindi si trovano principalmente in acque superficiali dove la luce può penetrare.

Tuttavia, ci sono alcune eccezioni e adattamenti particolari che permettono a certi organismi di sopravvivere in condizioni di scarsa luminosità:

- **ALGHE IN ACQUE PROFONDE**
  Le **Alghe Rosse**, ad esempio, sono note per la loro **capacità di assorbire la luce blu-verde**, che può penetrare più in profondità nell'acqua rispetto ad altre lunghezze d'onda della luce. Questo permette loro di vivere a maggiori profondità rispetto ad altre alghe. Alcune specie di alghe rosse possono essere trovate a **profondità che superano i 200 metri.**

- **ORGANISMI CHE VIVONO SENZA LUCE**
  Sebbene le alghe richiedano luce per la fotosintesi, esistono altri organismi che abitano le profondità oceaniche dove la luce solare non arriva.

I **Batteri Chemiosintetici**, ad esempio, utilizzano l'energia chimica derivante dall'ossidazione di composti inorganici (come il solfuro di idrogeno) per produrre energia, invece della luce solare.

**Spesso si trovano vicino a sorgenti idrotermali sul fondo dell'oceano, dove le condizioni sono estremamente difficili.**

Le sorgenti idrotermali sono crepe sul fondo dell'oceano che emettono acqua calda ricca di minerali. Questi ambienti ospitano intere comunità di organismi, come batteri chemiosintetici, vermi tubicoli giganti, crostacei e molluschi, che dipendono dall'energia chimica anziché dalla luce solare.

Alcuni organismi delle profondità hanno sviluppato una **fotofobia**, il che significa che evitano la luce e vivono in totale oscurità. Un po' come i pipistrelli sulla terra.


- **BIOLUMINESCENZA**: Alcuni organismi di profondità producono la propria luce attraverso reazioni chimiche, che può essere utilizzata per attirare prede, comunicare o mimetizzarsi. Un po' come le lucciole sulla terra.


In sintesi, mentre le alghe tipicamente non vivono nelle profondità oceaniche prive di luce, esistono molteplici adattamenti e strategie che permettono ad altri organismi di prosperare in questi ambienti estremi.

La vita nelle profondità oceaniche è un affascinante esempio di come la natura possa adattarsi a condizioni apparentemente impossibili.

## 5.3. Il Regno degli Animali

Il regno degli animali comprende **organismi pluricellulari eterotrofi**, che **si nutrono di altri organismi** per ottenere energia.

Infatti, a differenza delle piante, gli animali non possono produrre il proprio cibo e devono ottenere nutrienti mangiando piante, altri animali o entrambi.

La maggior parte degli animali ha capacità di movimento a un certo punto della loro vita.

La riproduzione sessuale è comune, anche se alcuni animali possono riprodursi asessualmente.

**Tipi di Animali:**

- **Invertebrati**: Animali senza colonna vertebrale, come insetti, molluschi, crostacei, e anellidi.

- **Vertebrati**: Animali con colonna vertebrale, inclusi pesci, anfibi, rettili, uccelli e mammiferi.

## 5.3.1. Gli Animali Invertebrati

Gli animali invertebrati sono un gruppo estremamente diversificato di organismi che, **a differenza dei vertebrati, non possiedono una colonna vertebrale o uno scheletro interno osseo.**

**Rappresentano la maggioranza delle specie animali** e possono essere trovati in quasi tutti gli ambienti della Terra, dai deserti aridi agli oceani profondi.

### 5.3.1.1. Classificazione degli Invertebrati

* **ARTROPODI**
  È il gruppo più numeroso, comprendente **insetti, aracnidi, crostacei e miriapodi.**
  Habitat: Quasi tutti gli ambienti della Terra.
  Caratteristiche: Esoscheletro chitinoso, corpo segmentato, appendici articolate.

* **MOLLUSCHI**
  Comprendono **gasteropodi (lumache), bivalvi (vongole) e cefalopodi (polpi e calamari).**
  Habitat: Ambienti marini, d'acqua dolce e terrestri.
  Caratteristiche: Corpo molle, spesso protetto da una conchiglia calcarea.

- **CNIDARI**

  Comprendono **polipi, meduse, coralli e anemoni di mare**. Hanno cellule urticanti chiamate cnidociti per catturare le prede.

  Habitat: Prevalentemente marini, con alcune specie in acque dolci.

  Caratteristiche: Cicli di vita spesso complessi, alternando tra fasi sessili (polipi) e mobili (meduse).

- **PORIFERI (SPUGNE)**

  Organismi semplici che vivono attaccati ai fondali marini. Hanno un corpo poroso che filtra l'acqua per nutrirsi.

  Habitat: Acque marine e alcune specie in acque dolci.

  Caratteristiche: Non hanno tessuti veri e propri o organi distinti.

- **PLATELMINTI (VERMI PIATTI)**

  Sono i Vermi piatti non segmentati, tra cui planarie, tenie e trematodi.

  Habitat: Ambienti acquatici e terrestri, molti sono parassiti.

  Caratteristiche: Corpo a forma di nastro, spesso parassiti di altri animali.

- **NEMATODI (VERMI CILINDRICI)**

  Sono i Vermi cilindrici con un corpo non segmentato, tra cui ascaridi e ossiuri.

  Habitat: Suolo, acqua dolce e marina, molti parassiti di piante e animali.

Caratteristiche: Corpo cilindrico, numerosi in tutti gli ambienti.

- **ANELLIDI**
Soni i Vermi segmentati come **lombrichi, sanguisughe** e policheti.
Habitat: Suolo, acqua dolce e marina.
Caratteristiche: Corpo segmentato con setole o parapodi per il movimento.

- **ECHINODERMI**
Descrizione: Comprendono **stelle marine, ricci di mare** e cetrioli di mare.
Habitat: Ambienti marini.
Caratteristiche: Simmetria radiale negli adulti, endoscheletro calcareo, sistema acquifero per la locomozione.

### 5.3.1.2. Importanza Ecologica e Economica degli Invertebrati

Gli invertebrati, dunque, sono un gruppo estremamente diversificato e affascinante di animali che svolgono ruoli vitali negli ecosistemi globali, come:

- **ECOLOGIA**: Gli invertebrati giocano ruoli cruciali negli ecosistemi come **decompositori, impollinatori, predatori e prede**, contribuendo alla biodiversità e al **funzionamento degli ecosistemi**.

- **ECONOMIA**: Molti invertebrati sono essenziali per l'agricoltura (impollinatori come le api), l'acquacoltura (crostacei) e l'industria farmaceutica (sostanze medicinali derivate da spugne e altri invertebrati marini).

- **ADATTAMENTI E STRATEGIE DI SOPRAVVIVENZA**
  Molti invertebrati hanno sviluppato adattamenti per sfuggire ai predatori, come il **mimetismo** (es. farfalle che assomigliano a foglie) e il **camuffamento** (es. insetti stecco).

- **RIPRODUZIONE**: Diversi metodi di riproduzione, inclusa la riproduzione sessuale, asessuale e partenogenesi, consentono agli invertebrati di colonizzare rapidamente nuovi ambienti.

- **COLONIZZAZIONE DI AMBIENTI ESTREMI**: Alcuni invertebrati, come gli artropodi delle grotte e i vermi tubicoli degli abissi oceanici, sono adattati a vivere in ambienti estremi con condizioni di vita molto difficili.

### 5.3.1.3. CURIOSITÀ: Gli invertebrati potrebbero colonizzare Marte?

L'idea di colonizzare Marte con forme di vita è affascinante e complessa. Attualmente, la colonizzazione di Marte da parte di organismi terrestri, inclusi gli invertebrati, presenta molte sfide significative:

- **Temperature basse**: Marte ha temperature estremamente basse, che spesso scendendo sotto i -100°C durante la notte, il che rende difficile la sopravvivenza per la maggior parte degli organismi terrestri.

- **Radiazioni elevate**: La mancanza di un'atmosfera densa e di un campo magnetico su Marte espone la superficie a livelli elevati di radiazioni cosmiche e solari, che possono essere **dannose per la vita**.

- **Scarsa Disponibilità di Acqua**: Anche se ci sono prove di ghiaccio d'acqua su Marte, l'acqua liquida è estremamente rara e qualsiasi forma di vita dipenderebbe da tecnologie per estrarla e utilizzarla.

- **Povertà di Nutrienti**: Il suolo marziano, noto come **regolito**, manca di molti nutrienti essenziali necessari per la crescita delle piante e per il supporto della vita.

- **Atmosfera ostile**: L'atmosfera marziana è composta principalmente di anidride carbonica (circa il 96%) con tracce di ossigeno e azoto, e ha una pressione molto bassa rispetto alla Terra. Questo ambiente è ostile per la maggior parte degli invertebrati terrestri che richiedono ossigeno per la respirazione.

Detto ciò, **la sfida di portare vita su Marte non è impossibile.**

**Gli scienziati potrebbero sviluppare organismi geneticamente modificati per resistere alle condizioni estreme di Marte,** inclusi invertebrati che possono sopportare temperature basse, radiazioni elevate e atmosfere ricche di anidride carbonica.

Inoltre, **la costruzione di habitat protettivi, tipo serre, con condizioni controllate potrebbe permettere agli invertebrati di sopravvivere e svolgere funzioni utili come la decomposizione dei rifiuti organici e la produzione di cibo.** L'uso di materiali che schermano dalle radiazioni potrebbe proteggere gli organismi viventi dalle radiazioni nocive.

Ancora, si potrebbero creare ecosistemi che includono microbi in grado di fissare azoto, degradare rocce marziane e rilasciare nutrienti potrebbe supportare la vita degli invertebrati in un ambiente chiuso e controllato.

Da non trascurare, tuttavia, le **considerazioni etiche e scientifiche.** Infatti, c'è un dibattito significativo su quanto sia eticamente e scientificamente corretto introdurre forme di vita terrestri su Marte (ed altri esopianeti), poiché ciò potrebbe alterare l'ambiente naturale del pianeta.

In sintesi, sebbene la colonizzazione di Marte da parte degli invertebrati sia attualmente teorica e affronti molte sfide, la ricerca in **BIOINGEGNERIA**, la costruzione di habitat protettivi e una comprensione più approfondita dell'ambiente marziano potrebbero un giorno rendere possibile questa impresa.

Per ora, comunque, gli sforzi si concentrano principalmente sulla comprensione delle condizioni di Marte e su come potremmo supportare la vita umana in modo sostenibile.

### 5.3.1.4. CURIOSITÀ: Sai che anche gli invertebrati sono animali intelligenti e sensibili?

Hai mai visto il documentario *"Il mio amico in fondo al mare"* (titolo originale: "*My Octopus Teacher*")?
Te lo consiglio, è davvero affascinante!

Si tratta di un documentario premiato che racconta la storia di un'**incredibile amicizia tra un subacqueo e un polpo**. Questo documentario ha catturato l'immaginazione di molte persone con la sua straordinaria narrazione e le incredibili immagini subacquee, colpendo la sensibilità di molti umani, facendoli riflettere, appunto, sull'intelligenza di tutti gli animali.

Nel documentario, il subacqueo *Craig Foster* crea un legame profondo con un **polpo femmina** mentre esplora una foresta di alghe kelp nei mari al largo della costa sudafricana.
Attraverso visite giornaliere, Craig osserva e documenta la vita del polpo, imparando le sue abitudini, le sue sfide e i suoi comportamenti unici. **La loro interazione diventa una sorta di rapporto reciproco, con il polpo che mostra curiosità e fiducia verso Craig.**

In effetti, **i polpi sono noti per la loro intelligenza eccezionale.** Difatti, <u>possono risolvere problemi complessi, ricordare percorsi e persino utilizzare strumenti.</u>

L'avresti mai detto?

Nel documentario, infatti, si vede come il polpo mostra una consapevolezza e un adattamento straordinari alle sue circostanze, usando astuzia per cacciare e difendersi.

Anche se i polpi sono generalmente animali solitari, inoltre, il documentario mostra un comportamento straordinario di fiducia e interazione tra il polpo e Craig, suggerendo una forma di comunicazione interspecifica.

Questo documentario a molti ha cambiato la vita, perché non è solo una testimonianza dell'intelligenza dei polpi, ma anche un potente promemoria dell'importanza della connessione con la natura e di come l'**osservazione empatica** possa arricchire la nostra comprensione del mondo naturale.

*Io stesso più volte ho costruito un rapporto di empatia con diversi insetti, notando che essi "sentono" la sensibilità dell'uomo. Mi è successo soccorrendo farfalle o parlando con le mosche, scacciandole in modo bonario senza ucciderle. Devi sapere che da quando ho "capito" la sensibilità degli animali ho deciso di non mangiarli più, di qualunque forma o specie essi siano. Per me è stata una scelta progressiva, consapevole e maturata nel tempo, però definitiva, che mi ha cambiato la vita. Così ho scoperto che si può mangiare benissimo senza carne e derivati, senza sacrificare la vita di alcun animale. Come facciamo a dire che i molluschi, ad esempio non siano sensibili o intelligenti a modo loro? Così come abbiamo scoperto l'intelligenza del polpo, sicuramente andando avanti con la scienza, scopriremo l'intelligenza e la sensibilità anche di altri animali, ad oggi poco considerati.*

In definitiva, **l'amicizia tra il subacqueo e il polpo ci invita** a riflettere su come ogni creatura, indipendentemente dalla sua forma o dimensione, abbia una complessità e una bellezza uniche, fatta di intelligenza e sensibilità.

Storie come questa ci ricordano quanto poco sappiamo ancora della vita sotto i mari (e non solo!) e quanto ci sia ancora da imparare osservando attentamente e rispetto-samente le altre forme di vita.

## 5.3.2. I vertebrati

Gli animali vertebrati sono un gruppo di animali, **tra cui l'uomo**, caratterizzati dalla presenza di una colonna vertebrale o spina dorsale, che protegge il midollo spinale.

**Caratteristiche Generali dei Vertebrati:**

- **Colonna Vertebrale**: La colonna vertebrale è costituita da una serie di vertebre articolate che proteggono il midollo spinale, una parte essenziale del sistema nervoso centrale.

- **Scheletro Interno**: Gli animali vertebrati possiedono un endoscheletro (scheletro interno) fatto di cartilagine o osso, che fornisce supporto strutturale e facilita il movimento.

- **Sistema Nervoso Avanzato**: Hanno un cervello complesso e un sistema nervoso centrale altamente sviluppato, che permette comportamenti complessi e sofisticati.

- **Sistema Circolatorio**: Gli vertebrati hanno un sistema circolatorio chiuso con un cuore che pompa il sangue attraverso vasi sanguigni ben definiti.

- **Riproduzione Sessuale**: La maggior parte dei vertebrati si riproduce sessualmente, con riproduzione interna o esterna a seconda del gruppo.

## 5.3.2.1. Classificazione dei Vertebrati

*Indovina a quale gruppo di vertebrati appartiene l'uomo?*
*Facile: i mammiferi!*

Ma andiamo con ordine e vediamo quali sono i vari tipi di vertebrati:

- **MAMMIFERI**
  I mammiferi, come cani, gatti, umani e balene, sono caratterizzati dalla presenza di ghiandole mammarie che producono latte per nutrire i piccoli.
  Hanno il corpo coperto di peli o pelliccia.

  **Noi mammiferi ci dividiamo in Tre Sottogruppi:**

  . **Monotremi**: Mammiferi che depongono uova, come l'ornitorinco.

  . **Marsupiali**: Mammiferi che partoriscono piccoli poco sviluppati che continuano a crescere in una tasca marsupiale, come il canguro.

  . **Placentati**: Mammiferi che portano i piccoli a termine all'interno dell'utero e li nutrono attraverso una placenta, come gli esseri umani e gli elefanti.

- **PESCI**
  I pesci sono animali acquatici con pinne e branchie. Comprendono tre principali gruppi:

. **Pesci Ossei (Osteichthyes)**: Come il salmone e il tonno, con uno scheletro osseo.

. **Pesci Cartilaginei (Chondrichthyes)**: Come gli squali e le razze, con uno scheletro cartilagineo.

. **Pesci Agnati (Agnatha)**: Come le lamprede, privi di mascelle.

*NOTA: Sai che la Balena non è un pesce? Lo sembra, infatti, ma è un mammifero!*

- **ANFIBI**
  Gli anfibi, come le rane e le salamandre, vivono sia in acqua che sulla terra durante diverse fasi della loro vita. Sono caratterizzati da una pelle umida e permeabile.
  Subiscono una metamorfosi dallo stadio larvale acquatico (girino) allo stadio adulto terrestre o semi-acquatico.

- **RETTILI**
  I rettili, come serpenti, lucertole, tartarughe e coccodrilli, hanno la pelle coperta di squame e depongono uova con un guscio duro o morbido.
  Sono **ectotermi (a sangue freddo)**, il che significa che la loro temperatura corporea dipende dall'ambiente esterno.

- **UCCELLI**

Gli uccelli sono caratterizzati dalla presenza di penne, ali e un becco privo di denti. Sono endotermi (a sangue caldo) e depongono uova con gusci duri.

Molti uccelli sono capaci di volare, anche se non tutti lo fanno (es. struzzi, galline e pinguini).

*NOTA: Sai che il Pipistrello non è un uccello? Lo sembra, infatti, ma è un mammifero!*

### 5.3.3. Curiosità: L'incrocio tra animali

*Ti sei mai chiesto come mai alcuni animali si possono incrociare tra loro e altri no? Ad esempio, il cavallo con l'asino si può incrociare ma l'uomo con la scimmia no (al di là di ogni considerazione etica e morale)?*

**<u>La capacità di incrociarsi tra specie diverse dipende da vari fattori biologici e genetici</u>.**

**Ecco una spiegazione delle principali ragioni:**

- **Compatibilità Genetica (Corredo Cromosomico)**
  Le specie devono avere un numero di cromosomi simile e una struttura cromosomica compatibile che permetta l'incrocio e la formazione di un embrione vitale. Quindi se il cavallo e l'asino sono geneticamente compatibili, l'uomo e la scimmia non lo sono.

- **Meccanismi Riproduttivi**
  Anche se due specie hanno un numero simile di cromosomi, potrebbero non essere compatibili a livello dei loro sistemi riproduttivi. **<u>Gli spermatozoi e gli ovuli di specie diverse spesso non riconoscono o non riescono a fondersi correttamente</u>.**

- **Differenze Genetiche (Divergenza Evolutiva)**
  Le specie che si sono separate evolutivamente più di recente hanno più probabilità di essere compatibili geneticamente rispetto a quelle che si sono separate più tempo fa. Il cavallo e l'asino appartengono alla stessa

famiglia (Equidae) e hanno un antenato comune relativamente recente.

L'uomo e le scimmie (es. scimpanzé), invece, hanno un antenato comune molto più remoto, con differenze genetiche accumulate nel tempo che rendono impossibile l'incrocio.

- **Comportamento e Isolamento Riproduttivo (Isolamento Comportamentale)**

  Anche se le specie sono geneticamente compatibili, potrebbero non accoppiarsi a causa di differenze comportamentali. Ad esempio, rituali di corteggiamento, habitat e tempi di riproduzione differenti possono prevenire l'incrocio tra specie. Ciò significa che non si accoppiano in natura ma magari possono essere incrociati dall'uomo.

- **Incompatibilità Post-Zigotica (Incompatibilità Ibrida)**

  Gli ibridi (prole di due specie diverse) possono essere sterili o non vitali. Ad esempio, **i muli (incrocio tra un cavallo e un asino) sono generalmente sterili** perché il loro numero dispari di cromosomi (63) impedisce la formazione di gameti funzionali.

**Esempi di Incroci Possibili e Impossibili:**

- ***Incroci Possibili:*** *Cavallo e asino (mulo), leone e tigre (liger o tigone), zebra e cavallo (zebroid), mucca e bufalo (beefalo), coyote e lupo (coywolf), dromedario e lama (cama), orso polare e grizzly (grolar bear), trota e salmone, ecc.*

- ***Incroci Impossibili:*** *Uomo e scimmia, cane e gatto, elefante e rinoceronte, ecc.*

## Considerazioni Etiche e Legali:

- La ricerca e il tentativo di creare ibridi umani sollevano gravi preoccupazioni etiche e morali, inclusi i diritti degli animali, il benessere degli embrioni ibridi e le implicazioni per la dignità umana.

- La maggior parte dei paesi ha leggi rigorose che vietano esperimenti genetici che coinvolgono la creazione di ibridi umani.

## 5.4. Funghi (tra cui Lieviti, Muffe, Licheni, ecc.): il Regno dei Miceti

I funghi costituiscono un regno a sé stante nella classificazione degli esseri viventi, distinto dalle piante, dagli animali e dai batteri. Essi giocano un ruolo cruciale negli ecosistemi come decompositori, simbionti e, in alcuni casi, patogeni.

**Sai perché i funghi si chiamano anche Miceti?**

La parola "miceti" deriva dal termine greco antico "*mykēs*" (μύκης), che significa, appunto, "fungo". Questo termine è stato adottato nella terminologia scientifica per descrivere il regno dei funghi, il "*Regnum Mycota*" o **"Regno dei Miceti"**.

Il termine "miceti" viene quindi utilizzato per fare riferimento a tutti i funghi nel contesto scientifico e tassonomico.

Biologicamente, **i funghi sono organismi eucarioti**, il che significa che le loro cellule contengono un nucleo ben definito e organelli delimitati da membrane.

Le cellule fungine hanno una parete cellulare composta da chitina, un polisaccaride che conferisce rigidità e resistenza, diversamente dalle pareti cellulari delle piante che sono fatte di cellulosa.

**I funghi sono eterotrofi**, cioè <u>**non producono il proprio cibo tramite fotosintesi come le piante**: ottengono nutrienti decomponendo materia organica morta (saprofitismo), parassitando altri organismi (parassitismo) o vivendo in simbiosi con altre piante (micorriza)</u>.

<u>**I funghi possono riprodursi sia sessualmente che asessualmente**</u>. La riproduzione avviene **attraverso spore**, che sono cellule specializzate per la dispersione e la sopravvivenza in condizioni avverse.

## 5.4.1. Classificazione dei Funghi

*Sei mani andato a funghi?* In tal caso potresti essere un esperto, altrimenti stai per scoprire una grande varietà di funghi:

- **BASIDIOMICETI**: Comprendono funghi che producono spore sui basidi, come i **funghi a cappello**, i porcini e i **funghi a mensola**.
  *Esempi: Amanita, Agaricus (**champignon**), Boletus (**porcini**).*

- **ASCOMICETI**: Producono spore in strutture sac-like chiamate aschi. Questo gruppo include **lieviti, muffe** e funghi più complessi.
  *Esempi: Saccharomyces (**lievito da birra**), Aspergillus, Penicillium, Morchella (spugnole).*

- **ZIGOMICETI**: Funghi che producono spore sessuali in strutture chiamate zigospore.
  *Esempi: Rhizopus (**muffa del pane**).*

- **CHITRIDIOMICETI**: Funghi acquatici primitivi che producono spore con flagelli.
  *Esempi: Batrachochytrium (patogeno delle rane).*

- **GLOMEROMICETI**: Funghi che formano associazioni micorriziche arbuscolari con le radici delle piante, essenziali per l'assorbimento dei nutrienti.
  *Esempi: Funghi micorrizici arbuscolari non specificamente nominati.*

## 5.4.2. Ruoli Ecologici dei Funghi

Come ti ho accennato, i funghi svolgono diversi e significativi ruoli ecologici nell'ecosistema:

- **Decompositori**
  I funghi svolgono un ruolo vitale nella decomposizione della materia organica morta, contribuendo al riciclaggio dei nutrienti nel suolo. Senza di loro, i cicli ecologici sarebbero interrotti, portando all'accumulo di detriti organici.

- **Simbionti**
  . **Micorriza**: Molti funghi formano relazioni simbiotiche con le radici delle piante, migliorando l'assorbimento di acqua e nutrienti da parte delle piante. In cambio, le piante forniscono ai funghi carboidrati prodotti tramite fotosintesi.
  . **Licheni**: Sono una simbiosi tra un fungo e un'alga o un cianobatterio. I licheni sono importanti colonizzatori di ambienti estremi e contribuiscono alla formazione del suolo.

- **Patogeni**
  Alcuni funghi sono patogeni per le piante, gli animali e gli esseri umani. Causano malattie che possono avere impatti economici significativi, come la peronospora della vite o infezioni fungine negli esseri umani.

### 5.4.3. Utilizzo dei Funghi

*Anche a te è venuta fame parlando di funghi?*

Molti funghi, infatti, sono commestibili e sono una fonte di nutrienti importanti. Alcuni esempi includono funghi champignon, shiitake, porcini e tartufi.

**Ma i funghi sono alla base di importanti scoperte in campo medico.** Il *Penicillium*, per esempio, è la fonte della **penicillina, il primo antibiotico scoperto.**
Altri funghi producono composti utilizzati come **immunosoppressori o antitumorali.**

**Inoltre, i lieviti sono utilizzati nella produzione di pane, birra e vino.** Inoltre, i funghi sono impiegati in processi di fermentazione per produrre vari enzimi, acidi organici e altri composti industriali.

I funghi, dunque, sono un regno estremamente diversificato e importantissimo per gli ecosistemi e per l'umanità. La loro capacità di decomporre materia organica, formare simbiosi e produrre composti utili li rende indispensabili sotto molti aspetti.

### 5.4.4. I funghi "velenosi"

**I funghi velenosi sono funghi che contengono <u>tossine</u> in grado di causare effetti avversi sulla salute umana e animale.**

**Esistono molti tipi di funghi velenosi, e la gravità delle intossicazioni può variare notevolmente**, dai sintomi lievi come nausea e vomito fino a gravi danni agli organi interni e, in alcuni casi, alla morte. È importante conoscere e riconoscere questi funghi per evitare intossicazioni accidentali.

**Esempi di Funghi Velenosi:**

- **Amanita phalloides (Fungo della Morte)**
  È uno dei funghi più velenosi al mondo. Ha un cappello verdastro o marrone chiaro, un gambo bianco con un anello e una base bulbosa.
  Tossine: Contiene amatossine, che inibiscono la sintesi proteica nelle cellule, causando danni irreversibili al fegato e ai reni.
  Sintomi: I sintomi iniziano con nausea, vomito e diarrea, seguiti da una fase di apparente miglioramento, e successivamente da insufficienza epatica e renale.

- **Amanita muscaria (Ovolo Malefico)**
  Riconoscibile per il suo cappello rosso con macchie bianche, è uno dei funghi più iconici e facilmente riconoscibili.
  Tossine: Contiene muscimolo e acido ibotenico, che agiscono sul sistema nervoso centrale.

Sintomi: Provoca allucinazioni, confusione, agitazione e, in alcuni casi, convulsioni.


- **Cortinarius rubellus (Falso Chiodino)**
Ha un cappello arancione-brunastro e un gambo dello stesso colore, con una base bulbosa.
Tossine: Contiene orellanine, che causano danni renali gravi e possono portare a insufficienza renale.
Sintomi: I sintomi possono comparire con ritardo (fino a 2 settimane) e includono sete intensa, dolori addominali e insufficienza renale.


- **Galerina marginata**
Ha un piccolo cappello marrone chiaro e un gambo sottile. Cresce spesso su legno marcio.
Tossine: Contiene le stesse amatossine dell'Amanita phalloides.
Sintomi: Simili a quelli dell'Amanita phalloides, con gravi danni al fegato e ai reni.


- **Gyromitra esculenta (Falsa Spugnola)**
Ha un cappello convoluto e irregolare, di colore marrone-rossiccio.
Tossine: Contiene giromitrina, che viene metabolizzata in monometilidrazina, una sostanza altamente tossica.
Sintomi: Provoca nausea, vomito, diarrea, convulsioni e danni al fegato.

Se non sei un esperto di funghi, non raccogliere e consumare funghi selvatici. Molti funghi commestibili hanno *"doppelgänger"*, ossia omologhi velenosi difficili da distinguere.

Prima di consumare funghi selvatici, dunque, è consigliabile farli esaminare da un micologo.

Altra cosa importante è **evitare di mangiare funghi crudi**: alcuni funghi sono leggermente tossici da crudi ma diventano sicuri se cotti correttamente. Tuttavia, molti funghi velenosi rimangono tossici anche dopo la cottura.

**Cosa fare in caso di Intossicazione accidentale?**

Se sospetti di aver consumato un fungo velenoso, consulta immediatamente un medico o recati al pronto soccorso.
Se possibile, porta con te un campione del fungo consumato per facilitare l'identificazione e il trattamento.

I funghi velenosi sono affascinanti ma pericolosi. La conoscenza e la prudenza sono essenziali per evitare gravi conseguenze sulla salute.

## 5.4.5. CURIOSITÀ: I funghi allucinogeni

Noti anche come "**funghi magici**", sono funghi che **contengono sostanze psicoattive**, principalmente psilocibina e psilocina.

<u>**Queste sostanze possono indurre alterazioni della percezione, dell'umore e del pensiero**</u>.

**Principali tipi di Funghi Allucinogeni:**

* **Psilocybe cubensis**
  È uno dei funghi allucinogeni più noti e diffusi. Ha un cappello marrone dorato e un gambo bianco.
  Principio Attivo: Psilocibina e psilocina.

* **Psilocybe semilanceata (Liberty Cap)**
  Piccolo fungo con un cappello a forma di cono e un gambo sottile. Cresce spesso in prati umidi e pascoli.
  Principio Attivo: Psilocibina.

* **Amanita muscaria (Ovolo Malefico)**
  Famoso per il suo aspetto caratteristico con un cappello rosso e macchie bianche.
  Principio Attivo: Contiene muscimolo e acido ibotenico, che hanno effetti allucinogeni diversi dalla psilocibina.

**Effetti dei Funghi Allucinogeni:**

* **Alterazioni Sensoriali**: I funghi allucinogeni possono provocare distorsioni visive, uditive e tattili, come colori più vividi, forme in movimento e suoni amplificati.

* **Cambiamenti Cognitivi**: Possono indurre sensazioni di euforia, introspezione profonda, alterazione del senso del tempo e delle emozioni.

- **Esperienze Mistico-Spirituali**: Molti utenti riportano sensazioni di connessione con l'universo, esperienze mistiche e profonde realizzazioni personali.

- **Effetti Fisici**: Possono includere nausea, vomito, dilatazione delle pupille e aumento della frequenza cardiaca.

<u>**ATTENZIONE**</u>: *È fondamentale utilizzare i funghi allucinogeni in un ambiente sicuro e con uno spirito appropriato. La presenza di una persona di supporto (un "trip sitter") è spesso raccomandata.*
*L'uso dei funghi allucinogeni può comportare rischi psicologici, soprattutto per individui con predisposizioni a disturbi mentali. Esperienze negative (bad trip) possono causare panico, ansia e paranoia.*
*La legalità dei funghi allucinogeni varia ampiamente da paese a paese. In molte giurisdizioni, il possesso, l'uso e la vendita di questi funghi sono illegali.*

Diverse culture indigene hanno utilizzato funghi allucinogeni per secoli in cerimonie religiose e rituali di guarigione.

Studi recenti, altresì, stanno esplorando il potenziale terapeutico della psilocibina per trattare condizioni come la depressione resistente al trattamento, l'ansia, il disturbo da stress post-traumatico (PTSD) e la dipendenza.

I funghi allucinogeni sono un campo di grande interesse sia per la loro storia culturale che per il loro potenziale terapeutico. Tuttavia, <u>è essenziale trattarli con rispetto e consapevolezza dei possibili rischi</u>.

*NOTA: Qualsiasi sostanza che altera le proprie capacità cognitive, fisiologiche e motorie è da considerarsi PERI-COLOSA PER LA SALUTE. La descrizione di questo paragrafo è puramente divulgativa ma diffidiamo dall'uso di tali sostanze.*

### 5.5. Gli Altri Regni: Protisti e Monere

Questi **due regni**, infine, comprendono una vasta gamma di organismi, molti dei quali sono essenziali per gli ecosistemi e hanno varie interazioni con gli altri regni della vita.

- **Protisti**
  I protisti sono eucarioti che non rientrano nel regno delle piante, degli animali o dei funghi. Possono essere autotrofi o eterotrofi e includono le sopraccitate **alghe, i protozoi e le muffe mucillaginose.**
  Variano notevolmente in forma, funzione e habitat, vivendo in ambienti acquatici e umidi.

- **Monere**
  Questo regno comprende organismi procarioti come **batteri e archea.** Sono unicellulari e possono vivere in una vasta gamma di ambienti, compresi quelli estremi.
  Sono fondamentali per il ciclo dei nutrienti e alcune specie svolgono la fotosintesi, mentre altre decompongono materia organica o causano malattie.

Questo viaggio attraverso i regni della vita mostra la straordinaria diversità e complessità degli organismi che popolano il nostro pianeta. Ciascun regno contribuisce in modo unico agli ecosistemi e alla vita sulla Terra.

**Esercizi**

**1. Rispondi correttamente alle seguenti domande:**

A. Il pipistrello è un uccello?

- SI
- NO
- Dipende

B. La balena è un pesce?

- SI
- NO
- Dipende

C. Le piante carnivore possono mangiare gli uomini?

- SI
- NO
- Dipende

D. L'uomo si può ibridare con le scimmie?

- SI
- NO
- Dipende

E. Le alghe sono piante acquatiche?

- SI
- NO
- Dipende

F. I funghi sono piante?

- SI
- NO
- Dipende

## Soluzioni

Es. 1:

$A = NO$
$B = NO$
$C = NO$
$D = NO$
$E = NO$
$F = NO$

# 6. EVOLUZIONE - LA STORIA DELLA VITA SULLA TERRA

Questo capitolo fornisce una panoramica completa dell'evoluzione, dai concetti fondamentali alla **teoria di Darwin**, passando per le grandi tappe evolutive fino alla filogenesi.

## 6.1. Chi era Charles Darwin?

*Charles Robert Darwin* nacque il 12 febbraio 1809 a *Shrewsbury*, in Inghilterra. Cresciuto in una famiglia benestante, Darwin era il quinto di sei figli. Suo padre, *Robert Darwin*, era un medico rispettato, mentre sua madre, *Susannah Wedgwood*, proveniva da una famiglia di industriali della ceramica.

Fin da giovane, Darwin mostrò una curiosità insaziabile per la natura. Amava collezionare insetti, minerali e conchiglie, dimostrando presto una propensione per le scienze naturali.

Nonostante le sue inclinazioni, Darwin inizialmente seguì le orme del padre, iscrivendosi alla facoltà di medicina all'Università di Edimburgo. Tuttavia, la vista del sangue e delle operazioni chirurgiche senza anestesia lo disgustava, portandolo a cercare altre strade. Si trasferì quindi al *Christ's College* di Cambridge per studiare teologia, sperando di diventare un pastore. Fu qui che incontrò *John Stevens Henslow*, un professore di **botanica**, che lo introdusse allo studio **delle scienze naturali** e alla **geologia**, accendendo la sua passione per la **biologia**.

Nel 1831, Darwin ricevette un'opportunità che avrebbe cambiato il corso della sua vita: un invito a unirsi al capitano *Robert FitzRoy* sulla *HMS Beagle* come **naturalista**, ossia studioso della natura. Il viaggio, inizialmente previsto per due anni, durò invece cinque anni, dal 1831 al 1836.
Durante questa avventura, Darwin visitò vari continenti e isole, raccogliendo esemplari di piante, animali e fossili che avrebbero gettato le basi per le sue future teorie.

Un aneddoto celebre di questo periodo riguarda le *Isole Galapagos*. Darwin notò che le tartarughe giganti e i fringuelli variavano notevolmente da un'isola all'altra, suggerendo che le specie si erano adattate ai diversi ambienti in cui vivevano. **Queste osservazioni gli fecero intuire che le specie non erano fisse e immutabili, ma potevano cambiare nel tempo.**

Dopo il ritorno dal viaggio, **Darwin trascorse anni ad analizzare i suoi appunti e a riflettere sulle sue osservazioni.** Influenzato dai lavori di *Thomas Malthus* sull'economia e la popolazione, **Darwin sviluppò la *Teoria della Selezione Naturale*.** Questa teoria suggeriva che le variazioni tra gli individui di una popolazione potevano conferire **vantaggi competitivi**, permettendo loro di sopravvivere e riprodursi più efficacemente.

**<u>Nel 1859, Darwin pubblicò "*L'origine delle specie*", un'opera che avrebbe rivoluzionato la biologia.</u>**

Il libro ricevette un'accoglienza mista: mentre molti scienziati riconobbero l'importanza della teoria, ci fu anche una forte opposizione da parte di alcuni ambienti religiosi e accademici. Nonostante le controversie, _**"L'origine delle specie"** pose le basi della moderna teoria dell'evoluzione_.

Charles Darwin sposò _Emma Wedgwood_, sua cugina di primo grado, nel 1839. Il matrimonio fu felice e la coppia ebbe dieci figli, anche se alcuni di loro morirono prematuramente. Darwin era un padre affettuoso e trascorreva molto tempo con la sua famiglia nella loro residenza di campagna a _Down House_, nel _Kent_.

Darwin soffrì di problemi di salute per gran parte della sua vita adulta. Molti storici ritengono che queste malattie fossero causate in parte dallo stress e dalle pressioni del suo lavoro. Nonostante le difficoltà, continuò a scrivere e a pubblicare opere importanti fino alla fine della sua vita.

Nel 1882, la salute di Darwin peggiorò ulteriormente e morì il 19 aprile dello stesso anno. Fu sepolto con tutti gli onori nell'_Abbazia di Westminster_, accanto a _Isaac Newton_, riconoscimento della sua immensa influenza sulla scienza.

## 6.2. L'Eredità di Darwin

**L'evoluzione**, dunque, **è il processo attraverso il quale le specie di organismi viventi cambiano nel tempo attraverso variazioni genetiche e selezione naturale**.

**Questo processo ha permesso la diversificazione della vita sulla Terra, portando alla formazione di nuove specie e all'adattamento delle esistenti alle loro nicchie ecologiche**.

**L'evoluzione è alla base della biologia moderna, spiegando la complessità e la diversità della vita**.

**Nel suo lavoro fondamentale, "L'Origine delle Specie" (1859), Darwin fissò i seguenti concetti scientifici:**

- **Variazioni Individuali**: All'interno di una popolazione, gli individui mostrano variazioni nelle loro caratteristiche.

- **Selezione Naturale**: Le variazioni che conferiscono un vantaggio in termini di sopravvivenza e riproduzione sono più propense a essere tramandate alle generazioni successive.

- **Sopravvivenza del Più Adatto**: Gli organismi con caratteristiche vantaggiose tendono a sopravvivere e riprodursi più di altri, aumentando la frequenza di tali caratteristiche nella popolazione.

### 6.3. Le Grandi Tappe dell'Evoluzione

In sintesi, possiamo suddividere il percorso evolutiva della vita sulla terra nelle seguenti tappe:

- **<u>Origine della Vita</u>**
  La vita sulla Terra è emersa circa **3,5 miliardi di anni** fa da semplici molecole organiche. Le prime forme di vita erano **organismi unicellulari**, come i **batteri**. Pertanto possiamo dire che i batteri hanno colonizzato la terra e noi deriviamo da loro.

- **<u>La Rivoluzione dell'Ossigeno</u>**
  Circa **2,4 miliardi di anni fa**, la fotosintesi ha portato a un aumento dell'ossigeno atmosferico, permettendo l'evoluzione di **organismi aerobici complessi**.

- **<u>Eucarioti e Multicellularità</u>**
  Gli **eucarioti**, cellule con nucleo, sono emersi circa **1,5 miliardi di anni fa**. La **multicellularità** si è sviluppata circa **600 milioni di anni fa**, portando alla **diversificazione degli animali e delle piante**.

- **<u>Esplosione Cambriana</u>**
  Circa **540 milioni di anni fa**, durante il periodo Cambriano, c'è stata una rapida **diversificazione della vita animale**, con l'emergere di quasi tutti i principali gruppi animali attuali.

- **<u>Colonizzazione delle Terre Emerse</u>**

Le piante e i funghi sono stati tra i primi organismi a colonizzare le terre emerse circa 500 milioni
di anni fa, seguiti dagli animali, come gli artropodi e i
vertebrati.

- **<u>Evoluzione dei Vertebrati</u>**
  I vertebrati si sono diversificati in **pesci, anfibi, rettili, uccelli e mammiferi**. I mammiferi e gli uccelli
  hanno dominato dopo l'estinzione dei dinosauri circa
  65 milioni di anni fa.

## 6.4. Storia dei Dinosauri

I dinosauri sono tra gli animali più affascinanti e iconici che abbiano mai popolato il nostro pianeta.

**Dominarono la Terra per oltre 160 milioni di anni, dall'epoca del Triassico fino alla fine del Cretaceo, circa 65 milioni di anni fa.**

Ecco una panoramica della loro straordinaria storia:

- **Origini e Prima Evoluzione: TRIASSICO (circa 230 milioni di anni fa)**
  I primi dinosauri apparvero nel periodo Triassico. Erano **piccoli e bipedi**, con esemplari come il *Herrerasaurus* e l'*Eoraptor* che rappresentavano i primi passi nell'evoluzione dei dinosauri. Questi primi dinosauri si differenziarono rapidamente, adattandosi a vari ambienti.

- **L'Era dei Giganti: GIURASSICO (circa 201-145 milioni di anni fa)**
  Durante il Giurassico, i dinosauri si diversificarono notevolmente e crebbero di dimensioni. I **sauropodi**, come il *Brachiosaurus* e il *Diplodocus*, erano **enormi erbivori** che dominarono i paesaggi.
  Anche i **teropodi**, predatori come l'*Allosaurus*, fecero la loro comparsa.
  Gli ecosistemi del Giurassico erano pieni di vita, con foreste rigogliose e una grande varietà di specie.

- **CRETACEO (circa 145-65 milioni di anni fa)**
  Il Cretaceo vide l'apice della diversificazione dei dinosauri. Specie iconiche come il *Tyrannosaurus rex* e il *Triceratops* apparvero in questo periodo.
  Il Cretaceo è anche noto per la presenza di grandi erbivori corazzati come l'*Ankylosaurus* e i rapaci intelligenti come il *Velociraptor*. Durante questo periodo, i dinosauri si erano adattati a quasi tutti gli ambienti terrestri, dalle foreste tropicali ai deserti.

- **ESTINZIONE dei Dinosauri: Fine del Cretaceo (circa 65 milioni di anni fa)**

La fine del Cretaceo è segnata da uno dei più grandi eventi di estinzione di massa nella storia della Terra. Le evidenze scientifiche indicano che una combinazione di fattori, tra cui l'impatto di un grande asteroide nella regione dell'attuale *Yucatán* e un'intensa attività vulcanica, causò cambiamenti climatici drastici.

Questi eventi portarono alla **scomparsa di circa il 75% delle specie terrestri, compresi tutti i dinosauri non aviani**.

- **I Dinosauri Sopravvissuti**
  <u>Non tutti i dinosauri si estinsero</u>. Gli uccelli moderni sono diretti discendenti di **piccoli dinosauri teropodi**. Questo significa che, in un certo senso, **i dinosauri sono ancora tra noi oggi sotto forma di uccelli**. Gli uccelli mantengono molte caratteristiche dei loro antenati dinosauri, tra cui le ossa leggere e, in alcuni casi, comportamenti sociali complessi.

La storia dei dinosauri ti deve far riflettere su quanto breve sia la storia dell'uomo rispetto tempi occorsi per l'evoluzione delle altre forme di vita.

Tuttavia con il grado di evoluzione raggiunto oggi dall'uomo, con la tecnologia e la robotica, i tempi evolutivi si stanno accorciando in maniera esponenziale, lasciando presagire un futuro androide non troppo lontano da oggi.

## 6.4.1. Scoperta e Studio dei Dinosauri: la Paleontologia

La scienza della Paleontologia ha permesso di ricostruire la vita dei dinosauri attraverso lo **studio dei fossili.**
Ogni anno, nuove scoperte aggiungono dettagli al nostro quadro della storia dei dinosauri, rivelando informazioni sulla loro biologia, comportamento e ambienti in cui vivevano.

I dinosauri hanno catturato l'immaginazione del pubblico e sono diventati parte integrante della cultura popolare.
Dai musei di storia naturale ai film come "*Jurassic Park*", i dinosauri continuano a affascinare e ispirare persone di tutte le età.

La storia dei dinosauri è una narrazione avvincente di evoluzione, adattamento e cambiamento. Questi straordinari animali ci ricordano le meraviglie del passato del nostro pianeta e continuano a influenzare la scienza e la cultura.

**Con la Biotecnologia sarà possibile far rinascere i Dinosauri?**

L'idea di far rinascere i dinosauri, resa popolare da film come "*Jurassic Park*", è affascinante ma estremamente complessa e attualmente al di là delle capacità della biotecnologia moderna.

Ecco alcune considerazioni sui limiti e le possibilità:

**Ostacoli alla Rinascita dei Dinosauri: DNA Degradato**
Il DNA è una molecola fragile che si degrada nel tempo. Anche nei fossili meglio conservati, il DNA dei dinosauri è

troppo danneggiato e frammentato per poter essere usato in modo utile. Le condizioni ambientali, come temperatura e umidità, accelerano la decomposizione del DNA.

- **Assenza di Cellule Vive**
  Per clonare un animale, come avvenuto con la *pecora Dolly*, è necessario avere cellule vive. Nel caso dei dinosauri, non esistono cellule vive da cui prelevare un nucleo genetico.

- **Compilazione Genetica Completa**
  Anche se fosse possibile ottenere frammenti di DNA, non sappiamo come assemblarli per ricostruire il genoma completo di un dinosauro. Ci sono troppe lacune nella nostra conoscenza.

- **Avanzamenti della Biotecnologia: CRISPR e Modifica Genetica**
  La tecnologia CRISPR permette di modificare il DNA di un organismo. Teoricamente, potremmo usare CRISPR per modificare il genoma di uccelli (i discendenti diretti dei dinosauri) per esprimere caratteristiche di dinosauri. Tuttavia, questo richiederebbe una conoscenza dettagliata del **genoma dei dinosauri**, che attualmente non abbiamo.

- **De-Estinzione di Altri Animali**
  I progetti di "de-estinzione" hanno più successo con animali estinti recentemente, come il **mammut lanoso**. In questi casi, il DNA è meglio conservato e ci

sono parenti stretti viventi (come gli elefanti) che possono essere usati come madri surrogate.

- **Possibilità Future: Ricerca Continua**
  La biotecnologia è un campo in rapida evoluzione. Ricerche future potrebbero sviluppare tecniche oggi impensabili. Tuttavia, ricreare dinosauri potrebbe richiedere secoli di avanzamenti scientifici.

- **Considerazioni Etiche e Pratiche**
  Ci sono importanti questioni etiche legate alla de-estinzione di qualsiasi specie. Ricreare dinosauri potrebbe comportare rischi ecologici e morali significativi.

- **Ambiente Naturale**
  Anche se fosse possibile ricreare dinosauri, l'ambiente moderno potrebbe non essere adatto per la loro sopravvivenza. I dinosauri si sono evoluti in condizioni climatiche e ambientali molto diverse da quelle attuali.

In sintesi, mentre la biotecnologia continua a progredire e ad aprire nuove possibilità, far rinascere i dinosauri rimane attualmente fantascienza. Tuttavia, la ricerca in questo campo continua a sorprendere e a spingere i limiti del possibile.

### 6.4.2. La rinascita dei Mammut

La clonazione dei mammut lanosi è un progetto ambizioso che ha fatto progressi significativi negli ultimi anni, ma ci sono ancora molte sfide da superare.

Nel 2021, la società biotecnologica *Colossal* ha annunciato il suo ambizioso progetto di "de-estinzione" dei mammut lanosi. L'obiettivo è quello di combinare il DNA dei mammut con quello degli elefanti asiatici per creare un **ibrido che possa sopravvivere in climi freddi**.

Gli scienziati stanno utilizzando la **tecnologia CRISPR** per inserire geni dei mammut nei genomi delle cellule di elefante in coltura. Questo potrebbe permettere di ottenere un animale con tratti esterni dei mammut, come le pelli ispide e i denti ricurvi.

**La ricerca ha mostrato che il genoma dei mammut corrisponde al 99% a quello degli elefanti**, il che rende possibile l'ingegneria genetica per creare un ibrido, dunque non un mammut puro.

Dunque, mentre la clonazione dei mammut è ancora lontana, la tecnologia sviluppata per questo progetto potrebbe essere utilizzata per la conservazione di specie in pericolo di estinzione.

La **tecnologia CRISPR**, che sta per *Clustered Regularly Interspaced Short Palindromic Repeats*, è uno degli strumenti di ingegneria genetica più rivoluzionari e potenti sviluppati negli ultimi anni. Consente agli scienziati di modificare il DNA con una precisione senza precedenti, aprendo nuove possibilità per la ricerca genetica, la medicina e l'agricoltura.

### 6.4.3. Dinosauri VS Mammiferi

Chiariamo una cosa: <u>**i dinosauri non erano mammiferi**</u>.
I dinosauri sono parte del **clade* Dinosauria**, un **gruppo di rettili** che vissero durante l'era Mesozoica, divisa nei periodi Triassico, Giurassico e Cretaceo.

*__*NOTA__: Il termine "clade" è un concetto fondamentale nella biologia evolutiva e nella sistematica. Un **clade o gruppo monofiletico**, è un gruppo di organismi che comprende un antenato comune e tutti i suoi discendenti, viventi o estinti.*

Erano principalmente suddivisi in due grandi ordini: **Saurischia** (inclusi i carnivori come il Tyrannosaurus rex e gli erbivori come il Brachiosaurus) e **Ornithischia** (inclusi gli erbivori come il Triceratops).
I dinosauri avevano scaglie (o piume) e **deponevano uova**.
Molti dinosauri erano bipedi, mentre altri erano quadrupedi.
Non producevano latte per nutrire i loro piccoli.
I dinosauri vissero dal Triassico superiore (circa 230 milioni di anni fa) fino alla fine del Cretaceo (circa 65 milioni di anni fa), quando si estinsero a causa di un evento catastrofico.

I **mammiferi**, invece, appartengono alla **classe Mammalia**.
Sono suddivisi in vari ordini come **Carnivora, Primates e Cetacea**.
I mammiferi hanno peli o pelliccia e producono latte attraverso le ghiandole mammarie per nutrire i loro piccoli.

**La maggior parte dei mammiferi è vivipara**, cioè partorisce piccoli vivi (con poche eccezioni come i monotremi, che depongono uova).

I mammiferi sono emersi circa 225 milioni di anni fa, durante il periodo Triassico, ma sono diventati il gruppo dominante di vertebrati terrestri solo dopo l'estinzione dei dinosauri.

## 6.5. La Filogenesi dell'Uomo

**La filogenesi è lo studio delle relazioni evolutive tra gli organismi**. Utilizzando dati genetici, morfologici e paleontologici, gli scienziati costruiscono **alberi filogenetici** che rappresentano le **linee di discendenza degli organismi**. Questi alberi mostrano come le specie sono correlate tra loro e tracciano il percorso dell'evoluzione.

*La* **Cladistica***, invece, è un metodo di classificazione basato sulla somiglianza e la differenza delle caratteristiche ereditarie, identificando* **cladi** *o* **gruppi monofiletici***.*

**La filogenesi dell'uomo, dunque, traccia il percorso evolutivo che ha portato all'emergere degli esseri umani moderni (Homo sapiens) a partire dai nostri antenati primati.**

Questo affascinante viaggio copre milioni di anni e include numerosi fossili che aiutano a comprendere le **tappe chiave dell'evoluzione umana:**

- **Origine dei Primati (circa 65 milioni di anni fa)**
  I primi primati comparvero poco dopo l'estinzione dei dinosauri, evolvendosi da **piccoli mammiferi arboricoli**. Questi primati erano creature **simili a lemuri**, come il *Plesiadapis*.

- **Scimmie Antropomorfe (circa 25-30 milioni di anni fa)**

La linea evolutiva si biforcò ulteriormente, portando alla comparsa delle scimmie antropomorfe, un gruppo che include gli antenati comuni di scimpanzé, gorilla, oranghi e umani. *Proconsul* è uno dei generi rappresentativi di questo periodo.

- **<u>Linea Umana: Orrorin tugenensis (circa 6 milioni di anni fa)</u>**
  Uno dei primi potenziali antenati bipedi, scoperto in Kenya. Mostra segni di locomozione bipede, un tratto cruciale nell'evoluzione umana.

- **<u>Australopiteci (circa 4-2 milioni di anni fa)</u>**
  Generi come *Australopithecus afarensis* (es. *Lucy*) rappresentano una fase importante. Questi **ominidi** erano **bipedi**, ma avevano ancora caratteristiche primitive, come il cranio piccolo e braccia lunghe.

- **<u>Genere Homo</u>**
  . **Homo Habilis** (circa 2,4-1,4 milioni di anni fa): Considerato uno dei primi membri del nostro genere. Utilizzava strumenti di pietra semplici.
  . **Homo Erectus** (circa 1,9 milioni di anni fa - 110.000 anni fa): Primo ominide a mostrare proporzioni corporee simili a quelle degli umani moderni e a diffondersi fuori dall'Africa. Utilizzava strumenti di pietra più avanzati e il fuoco.

- **<u>Evoluzione Recente</u>**

. **Homo Neanderthalensis** (circa 400.000-40.000 anni fa)

I Neanderthal erano strettamente legati agli esseri umani moderni. Abitavano l'Europa e l'Asia occidentale e avevano una cultura complessa, con evidenze di uso di strumenti, arte e sepoltura dei morti.

. **Homo Sapiens** (circa 300.000 anni fa - presente)

Gli esseri umani moderni si sono evoluti in Africa e poi si sono diffusi in tutto il mondo. Caratterizzati da un cervello grande, capacità linguistiche avanzate, creatività e complessi comportamenti sociali.

### 6.5.1. Neanderthal VS Sapiens

*Non tutti sanno che…*

Secondo alcune teorie, **i Sapiens, provenienti dall'Africa, migrando verso nord arrivarono in contatto con i Neanderthal, finendo per confliggere con loro e favorendone l'estinzione.**

Tuttavia, la questione di come gli *Homo Sapiens* abbiano contribuito all'estinzione dei *Neanderthal* è complessa e ancora oggetto di dibattito tra gli scienziati.

**Ecco alcune delle principali teorie:**

- **Competizione e Sostituzione**: Alcuni studiosi suggeriscono che i Sapiens abbiano avuto un vantaggio competitivo rispetto ai Neanderthal, sia in termini di tecnologia, sia di capacità cognitive e sociali. Questo potrebbe aver portato alla sostituzione dei Neanderthal da parte dei Sapiens.

- **Interbreeding**: Altri ricercatori propongono che i Sapiens e i Neanderthal si siano incrociati, e che questo interbreeding abbia contribuito all'estinzione dei Neanderthal originali. Le prove genetiche mostrano che una parte del DNA dei Sapiens moderni proviene dai Neanderthal, indicando che ci sia stato un certo grado di mescolanza genetica.

- **Malattie**: Un'altra ipotesi è che i Sapiens abbiano portato con sé malattie a cui i Neanderthal non avevano immunità, causando un declino della loro popolazione.

- **Cambiamenti Climatici**: I cambiamenti climatici potrebbero aver giocato un ruolo significativo, rendendo l'ambiente meno favorevole per i Neanderthal e favorendo i Sapiens meglio adattati alle nuove condizioni.

- **Violenza e Conflitto**: Alcuni studi suggeriscono che potrebbe esserci stato un conflitto diretto tra Sapiens e Neanderthal, ma questa teoria è meno supportata dalle prove disponibili.

In sintesi, è probabile che una combinazione di questi fattori abbia contribuito all'estinzione dei Neanderthal, piuttosto che un singolo evento o causa. La storia evolutiva è spesso complessa e influenzata da molteplici variabili.

*Tu che ne pensi? Secondo te come è andata?*

Di fatto, i Sapiens sono arrivati ai giorni nostri (siamo noi), mentre i Neanderthal no…
Personalmente non voglio credere che i Sapiens abbiamo cannibalizzato i Neanderthal, essendo esseri simili, tuttavia parliamo di uomini primitivi, quindi nulla è da escludersi.
Mi piace invece pensare che loro abbiamo fatto amicizia, mescolandosi geneticamente.

## 6.5.2. Scoperte Fossili Chiave

Vediamo quali sono state le scoperte fossili più importanti per ricostruire la filogenetica umana:

- **Lucy (Australopithecus afarensis)**
  Scoperta in Etiopia nel 1974, Lucy è uno dei fossili più completi di *Australopitecus afarensis* e ha fornito importanti informazioni sulla locomozione bipede.

- **Turkana Boy (Homo erectus)**
  Scoperto in Kenya, il *Turkana Boy* è uno scheletro quasi completo di *Homo erectus* che ha rivelato dettagli sulla crescita e lo sviluppo di questi antichi ominidi.

- **Cavallo di Roccia di Denisova**
  Scoperti in Siberia, i resti fossili dei Denisova, un gruppo umano distinto dai Neanderthal e dagli Homo sapiens, hanno ampliato la nostra comprensione della diversità umana antica.

### 6.5.3. Perché esistono uomini neri e bianchi?

La diversità del colore della pelle tra gli esseri umani è il risultato di un lungo processo evolutivo e di adattamento alle diverse condizioni ambientali.

Il colore della pelle è determinato principalmente dalla quantità e dal tipo di melanina, un pigmento prodotto dai melanociti nella pelle.

Esistono due tipi principali di melanina:

- **Eumelanina**: Conferisce tonalità marroni e nere.
- **Feomelanina**: Conferisce tonalità rosse e gialle.

In regioni vicine all'equatore, dove la radiazione solare è intensa, la pelle scura offre un vantaggio evolutivo. La maggiore quantità di melanina protegge la pelle dai danni causati dai raggi ultravioletti (UV), riducendo il rischio di cancro della pelle e preservando l'acido folico, essenziale per la salute riproduttiva.

In regioni con minore esposizione solare, la pelle chiara è vantaggiosa perché permette una maggiore sintesi di vitamina D. La vitamina D è cruciale per la salute delle ossa e il sistema immunitario, e la pelle chiara facilita l'assorbimento dei raggi UV necessari per la sua produzione.

Gli esseri umani moderni (Homo Sapiens) si sono evoluti in Africa e hanno iniziato a migrare verso altre parti del mondo circa 60.000 anni fa.

Durante queste migrazioni, le popolazioni umane si sono adattate ai diversi ambienti, sviluppando variazioni nel colore della pelle in risposta alle condizioni locali.

**Polimorfismi Genetici**: Il colore della pelle è influenzato da molteplici geni. **Varianti genetiche specifiche**, come quelle nei geni SLC24A5, SLC45A2 e MC1R, giocano un ruolo significativo nella determinazione del colore della pelle.

**Ereditarietà**: Le variazioni genetiche sono trasmesse di generazione in generazione, contribuendo alla diversità del colore della pelle nelle popolazioni umane.

Dunque, **la diversità del colore della pelle è un esempio di come gli esseri umani si siano adattati a una vasta gamma di ambienti. <u>Questa diversità non solo riflette la storia evolutiva dell'umanità, ma sottolinea anche l'importanza dell'adattamento e della variabilità genetica per la sopravvivenza</u>**.

**6.5.4. Cenni di Tassonomia, la Scienza della Classificazione**

**La tassonomia è la scienza che si occupa della classificazione degli organismi viventi in gruppi ordinati e gerarchici basati sulle loro caratteristiche condivise e sulle loro relazioni evolutive.**

Questo sistema di classificazione ci permette di comprendere e organizzare la straordinaria diversità della vita sulla Terra.

**Il padre della tassonomia moderna è Carl Linnaeus (o Linneo),** uno scienziato svedese del XVIII secolo.
Linneo sviluppò il **sistema di nomenclatura binomiale,** che ancora oggi usiamo per denominare le specie.
**Questo sistema utilizza due nomi latini: il genere e la specie** (es. "Homo sapiens" per gli esseri umani).

**La classificazione tassonomica segue una gerarchia specifica, ordinata in livelli sempre più specifici.**

Ecco i principali <u>**LIVELLI TASSONOMICI:**</u>

- **REGNO**: Il livello più ampio che include grandi gruppi di organismi con caratteristiche fondamentali comuni.
  *Esempi: Animali (Animalia), Piante (Plantae), Funghi (Fungi).*

- **PHYLUM**: Raggruppa gli organismi all'interno di un regno basandosi su tratti strutturali e funzionali condivisi.
  *Esempi: Chordata (cordati, inclusi vertebrati), Arthropoda (artropodi).*

- **CLASSE**: Suddivide i phyla in gruppi più specifici.
  *Esempi: Mammalia (mammiferi), Aves (uccelli).*

- **ORDINE:** Ulteriore divisione delle classi in gruppi con caratteristiche ancora più dettagliate.
  *Esempi: Carnivora (carnivori), Primates (primati).*

- **FAMIGLIA**: Comprende più generi affini.
  *Esempi: Felidae (gatti), Canidae (cani).*

- **GENERE**: Gruppo di specie strettamente correlate.
  *Esempi: Panthera (genera che include leoni, tigri, leopardi), Canis (genera che include lupi e cani).*

- **SPECIE**: L'unità di base della classificazione, rappresenta individui che possono incrociarsi e produrre prole fertile.
  *Esempi: Homo sapiens (esseri umani), Panthera leo (leone).*

**NOTA**: <u>"Razza" non è un ordine tassonomico.</u>
In biologia, il termine "razza" è spesso utilizzato per descrivere a livello informale una sottocategoria all'interno di una specie, basata su differenze genetiche, fenotipiche (aspetto fisico) o comportamentali che si sono sviluppate in risposta a diversi ambienti o pressioni selettive.

### Perché la Tassonomia è importante?

Per diversi fattori:

- **Organizzazione e Comunicazione**: Fornisce un linguaggio universale per identificare e parlare degli organismi.

- **Studio dell'Evoluzione**: Aiuta a comprendere le relazioni evolutive tra gli organismi, tracciando il percorso evolutivo della vita.

- **Conservazione**: Identifica le specie minacciate e aiuta a focalizzare gli sforzi di conservazione.

- **Medicina e Agricoltura**: Cruciale per l'identificazione e lo studio di organismi che causano malattie e per la gestione delle risorse naturali.

**Moderni Approcci alla Tassonomia:**

- **Filogenetica**: Utilizza dati genetici e molecolari per determinare le relazioni evolutive tra gli organismi, spesso rappresentate in alberi filogenetici.

- **Cladistica**: Un metodo di classificazione basato sulle caratteristiche derivate e condivise tra i gruppi, creando **cladi (gruppi monofiletici)** che rappresentano un antenato comune e tutti i suoi discendenti.

## 6.6. Storia della Terra

**La storia della Terra è suddivisa in varie fasi geologiche** che riflettono cambiamenti significativi nell'ambiente e nella vita del nostro pianeta.

Queste fasi sono organizzate in base alla **Scala dei Tempi Geologici**, che è divisa in **Eoni, Ere, Periodi, Epoche ed Età**.

Dunque, partiamo con questo lungo viaggio:

- **EONE ADEANO (circa 4,6 - 4 miliardi di anni fa)**
  **Formazione della Terra**: L'eone Adeano segna il periodo dalla formazione della Terra circa 4,6 miliardi di anni fa fino a circa 4 miliardi di anni fa. Durante questo tempo, il pianeta era estremamente caldo e soggetto a intenso bombardamento meteoritico.
  Le **rocce più antiche** conosciute risalgono a questo periodo. **L'atmosfera primordiale era priva di ossigeno.**

- **EONE ARCHEANO (circa 4 - 2,5 miliardi di anni fa)**
  **Prime Forme di Vita**: Questo eone vede l'emergere delle prime forme di vita, principalmente **batteri e archei**.
  **Formazione dei Continenti**: I primi nuclei continentali iniziano a formarsi. Anche l'atmosfera

comincia a cambiare con l'attività fotosintetica che aumenta gradualmente il contenuto di ossigeno.

- **EONE PROTEROZOICO (circa 2,5 miliardi - 541 milioni di anni fa)**
  **Incremento dell'Ossigeno**: L'eone Proterozoico è caratterizzato dall'accumulo di ossigeno nell'atmosfera, noto come il **Grande Evento di Ossidazione**, che porta a un'ambiente più favorevole per la vita complessa.
  **Primi Organismi Eucariotici**: Appaiono i primi organismi eucariotici (con cellule contenenti un nucleo) e le **prime forme di vita multicellulari**.
  **Glaciazioni**: Si verificano diverse grandi glaciazioni, tra cui la **"Terra a palla di neve"**.

- **EONE FANEROZOICO (circa 541 milioni di anni fa - presente)**
  L'eone Fanerozoico è suddiviso in tre ere principali: **Paleozoico, Mesozoico e Cenozoico**.

**ERA PALEOZOICA (circa 541 - 252 milioni di anni fa)**
. **Periodo Cambriano** (circa 541 - 485 milioni di anni fa): Inizia con l'esplosione cambriana, che vede una rapida diversificazione della vita marina.
. **Periodo Ordoviciano** (circa 485 - 444 milioni di anni fa): Crescita delle alghe e dei primi pesci.
. **Periodo Siluriano** (circa 444 - 419 milioni di anni fa): Sviluppo delle prime piante terrestri e degli artropodi.

. **Periodo Devoniano** (circa 419 - 359 milioni di anni fa): L'era dei pesci, con l'evoluzione dei primi tetrapodi.

. **Periodo Carbonifero** (circa 359 - 299 milioni di anni fa): Sviluppo delle foreste di felci giganti e dei primi rettili.

. **Periodo Permiano** (circa 299 - 252 milioni di anni fa): Finisce con la più grande estinzione di massa, l'estinzione permiana.

## <u>ERA MESOZOICA</u> (circa 252 - 66 milioni di anni fa)

. **Periodo Triassico** (circa 252 - 201 milioni di anni fa): Appaiono i primi dinosauri e mammiferi.

. **Periodo Giurassico** (circa 201 - 145 milioni di anni fa): Dominio dei dinosauri e sviluppo delle prime piante con fiori.

. **Periodo Cretaceo** (circa 145 - 66 milioni di anni fa): Proliferazione delle angiosperme (piante da fiore) e estinzione dei dinosauri alla fine del periodo, probabilmente causata da un impatto di un asteroide.

## <u>ERA CENOZOICA</u> (circa 66 milioni di anni fa - presente)

. **Periodo Paleogene** (circa 66 - 23 milioni di anni fa): Diversificazione dei mammiferi e degli uccelli.

. **Periodo Neogene** (circa 23 - 2,6 milioni di anni fa): Ulteriore evoluzione e diffusione dei mammiferi e dei primi ominidi.

. **Periodo Quaternario** (circa 2,6 milioni di anni fa -
presente): Caratterizzato da cicli glaciali e interglaciali,
vede l'evoluzione e la diffusione dell'Homo sapiens.

Queste fasi geologiche rappresentano la cronaca della storia
della Terra, tracciando la formazione del pianeta, l'evoluzione
della vita e i cambiamenti climatici e ambientali che hanno
modellato il mondo in cui viviamo oggi.

### 6.6.1. Le grandi Estinzioni di Massa

Devi sapere che la storia della vita sulla Terra non è stata lineare e non sempre tutto è andato liscio come l'olio. Anzi, è stata una storia piuttosto drammatica ma **la vita è andata sempre avanti.**

**Se parliamo di estinzioni, tutti pensano a quella dei dinosauri, che è la più famosa ma non l'unica!**

Le grandi estinzioni di massa sono eventi catastrofici nella storia della Terra che hanno portato alla scomparsa di una parte significativa delle specie viventi in un periodo relativamente breve.

**Ecco una panoramica delle <u>5 Principali Estinzioni di Massa</u>:**

**1. Estinzione Ordoviciano-Siluriano (circa 443 milioni di anni fa)**
Probabilmente causata da glaciazioni intense e dal successivo innalzamento del livello marino.
Impatto: **Circa l'85% delle specie marine si estinse.**

**2. Estinzione Devoniano Superiore (circa 374 milioni di anni fa)**
Probabilmente dovuta a una combinazione di cambiamenti climatici e possibili impatti asteroidali.
Impatto: **Circa il 75% delle specie marine e molte specie terrestri si estinsero.**

**3. Estinzione Permiano-Triassico (circa 252 milioni di anni fa)**

Le cause esatte non sono completamente chiare, ma potrebbero includere eruzioni vulcaniche massive, cambiamenti climatici e possibili impatti asteroidali.

Impatto: **Circa il 96% delle specie marine e il 70% delle specie terrestri si estinsero.**

**4. Estinzione Triassico-Giurassico (circa 200 milioni di anni fa)**

Probabilmente causata da eruzioni vulcaniche massive che hanno rilasciato grandi quantità di biossido di carbonio nell'atmosfera.

Impatto: **Molte specie di *ARCHEOSAURI si estinsero, aprendo la strada ai dinosauri e agli uccelli.**

**NOTA: Gli **Arcosauri (Archosauria)** sono un gruppo di rettili diapsidi che si svilupparono durante il Triassico inferiore, circa 245 milioni di anni fa. Il nome "arcosauri" deriva dal greco e significa **"lucertole dominatrici"**. Questo gruppo include sia i dinosauri che i loro parenti estinti, sia coccodrilli e uccelli, che sono gli unici arcosauri sopravvissuti all'estinzione del Cretaceo-Paleogene.*

**5. Estinzione Cretaceo-Paleogene (circa 66 milioni di anni fa)**

Cause: L'ipotesi più accettata è l'impatto di un gigantesco asteroide vicino alla penisola dello Yucatan, in Messico.

Impatto: **Circa il 75% delle specie terrestri, compresi i dinosauri, si estinsero.**

Questi eventi hanno avuto un impatto profondo sull'evoluzione della vita sulla Terra, permettendo a nuove specie di emergere e occupare le **nicchie ecologiche** lasciate vuote.

## 6.7. Nicchie Ecologiche VS Ecosistema

**<u>La nicchia ecologica può essere vista come il "ruolo" o la "posizione" di un organismo all'interno di un ecosistema</u>**.

*Ad esempio, la nicchia ecologica di una rana in una palude include il suo habitat acquatico, la sua dieta di insetti, e il suo ruolo come preda per serpenti e uccelli.*

**<u>Componenti della Nicchia Ecologica:</u>**

- **Habitat**
  <u>L'habitat è l'ambiente fisico in cui vive un organismo</u>. Include fattori come la temperatura, l'umidità, la disponibilità di luce e altre condizioni fisiche.
  Ad esempio, l'habitat di una rana può essere una palude, un ruscello o un laghetto.

- **Ruolo Ecologico**
  Questo include il ruolo funzionale dell'organismo all'interno dell'ecosistema, come il tipo di cibo che consuma (erbivoro, carnivoro, onnivoro), i predatori da cui deve difendersi e il modo in cui interagisce con altri organismi.
  Ad esempio, una rana può essere un predatore di insetti e una preda per uccelli e serpenti.

- **Interazioni Biotiche**
  Riguardano le interazioni con altre specie, come competizione, predazione, mutualismo e parassitismo.

Ad esempio, le rane possono competere con altri anfibi per le risorse e possono avere relazioni mutualistiche con alcuni insetti.

- **Interazioni Abiotiche**
  Coinvolgono le interazioni con fattori non viventi dell'ambiente, come acqua, suolo, aria e condizioni climatiche.
  Ad esempio, le rane hanno bisogno di un habitat con un'umidità adeguata e una temperatura adatta per la sopravvivenza e la riproduzione.

## Tipi di Nicchie:

- **Nicchia Fondamentale**
  Rappresenta tutte le condizioni ambientali potenziali in cui una specie potrebbe vivere senza la presenza di competizione o predazione. È più ampia della nicchia realizzata.

- **Nicchia Realizzata**
  È la nicchia effettivamente occupata da una specie nell'ambiente, tenendo conto delle interazioni con altre specie (competizione, predazione).
  Spesso è più ridotta della nicchia fondamentale a causa delle limitazioni imposte da altre specie e dalle condizioni ambientali reali.

<u>**Importanza della Nicchia Ecologica:**</u>

- **Conservazione**: Comprendere la nicchia ecologica di una specie è cruciale per la conservazione. Aiuta a identificare le condizioni necessarie per la sopravvivenza e la prosperità della specie.

- **Ecosistemi**: Le nicchie ecologiche contribuiscono alla biodiversità e alla stabilità degli ecosistemi, determinando come le specie si influenzano a vicenda e come si adattano ai cambiamenti ambientali.

- **Adattamento e Speciazione**: La diversificazione delle nicchie ecologiche può portare all'adattamento e alla speciazione, poiché le specie evolvono tratti che le rendono più adatte ai loro ambienti specifici.

La nicchia ecologica è un concetto complesso ma fondamentale per comprendere le dinamiche degli ecosistemi e le relazioni tra le specie.

<u>**NICCHIA ECOLOGICA ed ECOSISTEMA sono concetti correlati in ecologia, ma hanno significati distinti.**</u>

<u>**Un ecosistema è un sistema complesso formato da una comunità di organismi viventi (BIOCENOSI) e l'ambiente fisico (BIOTOPO) con cui interagiscono.**</u>
Include tutte le relazioni tra gli organismi e tra gli organismi e il loro ambiente.

Componenti:

- **Biocenosi**: Tutti gli esseri viventi in una determinata area, come piante, animali, funghi e microrganismi.
- **Biotopo**: Gli elementi non viventi dell'ambiente, come il suolo, l'acqua, l'aria e i minerali.

**Funzionamento**: Gli ecosistemi funzionano attraverso flussi di energia (ad es. fotosintesi) e cicli di nutrienti (ad es. ciclo dell'azoto).

*Esempio: Una palude è un ecosistema che include tutte le piante, gli animali, i microrganismi, l'acqua, il suolo, e i nutrienti in quell'ambiente.*

**Differenze Chiave tra Nicchia Ecologia ed Ecosistema:**

- **Scala**: La nicchia ecologica è specifica per una singola specie o un organismo all'interno di un ecosistema, mentre l'ecosistema comprende molte specie e le loro interazioni con l'ambiente fisico.
- **Focus**: La nicchia ecologica si concentra sul ruolo e sulle interazioni di una specie, mentre l'ecosistema considera l'intero sistema di organismi e il loro ambiente.

In sintesi, la nicchia ecologica è un concetto che riguarda il ruolo specifico di una specie all'interno di un ecosistema, mentre l'ecosistema è l'insieme di tutte le specie e dell'ambiente fisico in una determinata area.

**1. Rispondi correttamente alle seguenti domande:**

A. Quando è nato Charles Darwin?

- 1911
- 1809
- 1765
- 1623

B. Darwin scrisse...

- L'evoluzione della vita
- Storia degli esseri viventi
- L'origine della specie
- Trattato di biologia

C. Quando si estinsero di Dinosauri?

- 100 milioni di anni da
- 65 milioni di anni fa
- 15 milioni di anni fa
- 5 milioni di anni fa

D. I dinosauri erano mammiferi?

- SI

- NO
- Solo alcuni

E. Quando nasce l'Homo sapiens?

- 300 mila anni fa
- 200 mila anni fa
- 100 mila anni fa
- 50 mila anni fa

F. Quando si forma la Terra?

- 1 milione di anni da
- 100 milioni di anni fa
- 1,8 miliardi di anni fa
- 4,6 miliardi di anni fa

**Soluzioni**

Es. 1:

*A = 1809*
*B = L'origine della specie*
*C = 65 milioni di anni fa*
*D = NO*
*E = 300 mila anni fa*
*F = 4,6 miliardi di anni fa*

# 7. L'AMBIENTE

L'ambiente naturale è cruciale per la sopravvivenza di tutte le forme di vita. Ogni organismo dipende dall'ambiente per cibo, acqua, aria e habitat.

**Ecco alcuni motivi per cui l'ambiente è vitale:**

- **Sostentamento della Vita**: Gli ecosistemi forniscono i servizi essenziali per la vita, come la purificazione dell'aria e dell'acqua, la formazione del suolo, l'impollinazione delle piante e la regolazione del clima.

- **Biodiversità**: Un ambiente sano sostiene una vasta gamma di specie, mantenendo l'equilibrio ecologico e promuovendo la resilienza agli shock ambientali.

- **Risorse Naturali**: L'ambiente fornisce risorse essenziali come cibo, legno, fibre e medicinali. La gestione sostenibile di queste risorse è fondamentale per il benessere umano e la prosperità economica.

**Come Possiamo Proteggere il Nostro Pianeta?**

La protezione del nostro pianeta richiede azioni concertate a livello individuale, comunitario, nazionale e globale.

Ecco alcuni modi in cui possiamo contribuire alla conservazione e alla sostenibilità ambientale:

- **Riduzione del Consumo di Risorse**
  . **Energie Rinnovabili**: Promuovere l'uso di fonti di energia rinnovabile come il solare, l'eolico e l'idroelettrico per ridurre l'impatto ambientale dei combustibili fossili.

  . **Efficienza Energetica**: Adottare pratiche che migliorano l'efficienza energetica in case, edifici e trasporti.

- **Conservazione della Biodiversità**
  . **Protezione degli Habitat**: Salvaguardare le aree naturali e creare riserve e parchi naturali per proteggere le specie in pericolo.

  . **Restauro Ecologico**: Impegnarsi in progetti di restauro per ripristinare ecosistemi degradati e promuovere la biodiversità.

- **Riduzione dei Rifiuti e Riciclaggio**
  . **Riduzione dei Rifiuti**: Adottare uno stile di vita che minimizzi i rifiuti, evitando prodotti monouso e promuovendo l'uso di materiali sostenibili.

  . **Riciclaggio e Compostaggio**: Riciclare i materiali e compostare i rifiuti organici per ridurre il carico sulle discariche e restituire nutrienti al suolo.

- **Educazione e Sensibilizzazione**

  . **Educazione Ambientale**: Informare e educare le persone sull'importanza della conservazione e delle pratiche sostenibili.

  . **Coinvolgimento Comunitario**: Promuovere la partecipazione della comunità in attività di conservazione e progetti ecologici.


- **Politiche e Legislazioni**

  . **Politiche Ambientali**: Sostenere e implementare politiche che proteggono l'ambiente, come leggi contro la deforestazione, la protezione delle acque e la regolamentazione delle emissioni di carbonio.

  . **Collaborazione Internazionale**: Partecipare a trattati e accordi internazionali per affrontare problemi globali come il cambiamento climatico e la perdita di biodiversità.

## 7.1. Storia dell'Ambientalismo

La storia dell'ambientalismo è un viaggio affascinante che riflette l'evoluzione delle nostre relazioni con la natura e la crescente consapevolezza delle nostre responsabilità verso il pianeta.

Ecco una panoramica delle principali tappe:

- **Origini Antiche**
  Fin dalle prime società umane, ci sono state istituzioni e norme per gestire la relazione con l'ambiente, come le **leggi di conservazione delle risorse naturali** in Mesopotamia e l'India antica.

- **XIX Secolo**
  Nel XIX secolo, iniziò a emergere un **movimento di conservazione della natura**, soprattutto in Europa e Nord America. Questo periodo vide la fondazione di molte associazioni ambientaliste e la creazione dei primi parchi nazionali. Le idee di *Charles Darwin* e l'**ecologia** contribuirono a cambiare radicalmente la nostra comprensione della natura e del nostro ruolo al suo interno.

- **XX Secolo**
  Gli anni '60 segnarono l'inizio del **moderno movimento ambientalista**, con la pubblicazione di opere come "*Silent Spring*" di *Rachel Carson*, che denunciava gli effetti dannosi dei pesticidi. Questo periodo vide anche la **prima conferenza sull'ambiente delle**

**Nazioni Unite** a Stoccolma nel 1972. Negli anni '70 e '80, il movimento ambientalista si diffuse a livello globale, con la nascita di organizzazioni come *Greenpeace* e *WWF*. Questi movimenti si concentrarono su questioni come la protezione della fauna selvatica, la riduzione dell'inquinamento e la lotta contro il cambiamento climatico.

- **XXI Secolo**
  Negli ultimi decenni, il **cambiamento climatico** è diventato una delle principali preoccupazioni ambientaliste. Gli sforzi per ridurre le emissioni di gas serra e promuovere energie rinnovabili sono diventati centrali nelle politiche ambientali globali.
  C'è una crescente enfasi sulla **sostenibilità** e sulla necessità di adottare pratiche che proteggano l'ambiente per le generazioni future.
  Nonostante i progressi, ci sono ancora molte **sfide globali** da affrontare, tra cui la deforestazione, la perdita di biodiversità e l'inquinamento.
  Le innovazioni tecnologiche e le soluzioni sostenibili offrono speranza per il futuro. La collaborazione internazionale e l'educazione ambientale sono fondamentali per affrontare queste sfide.

L'ambientalismo, dunque, è un movimento in continua evoluzione, che riflette la nostra crescente consapevolezza e impegno verso la protezione del nostro pianeta. In anni recenti l'attivista svedese *Greta Thunberg* ha rappresentato un modello per le nuove generazioni.

## 7.2. Storia dell'Animalismo

L'Animalismo è un movimento che promuove i diritti e il benessere degli animali non umani.

La sua storia è lunga e complessa, con radici che affondano nell'antichità e sviluppi significativi nel corso dei secoli.

**Ecco una panoramica delle principali tappe:**

- **Antichità**
  . **Antica Grecia**: Filosofi come *Pitagora* e *Plutarco* esprimevano già idee di rispetto verso gli animali.
  . **India Vedica**: Re santi e filosofi come *Krisna* promuovevano la protezione degli animali, considerandoli sacri.
  . **Buddismo e Jainismo**: Circa 250 a.C., i buddisti costruirono i primi ospedali per animali, e i jainisti praticavano la non-violenza verso tutti gli esseri viventi.

- **Medioevo e Rinascimento**
  Durante il Medioevo, alcuni movimenti ereticali come i catari e i manichei mantennero tradizioni di rispetto verso gli animali.

- **Rinascimento**: Figure come *Leonardo da Vinci* e *Tolstoj* espressero idee di vegetarianismo e rispetto per la vita animale.

- **XIX e XX Secolo**
  . **Primi Movimenti Animalisti**: Il XIX secolo vide la nascita di organizzazioni e movimenti che iniziarono a difendere i diritti degli animali.
  . **Liberazione Animale**: Negli anni '70, il libro "*Liberazione Animale*" di *Peter Singer* segnò un punto di svolta, promuovendo l'**antispecismo** e l'uguaglianza degli interessi indipendentemente dalla specie.

- **XXI Secolo**
  . **Movimenti Globali**: Oggi, il movimento animalista è diffuso a livello globale, con organizzazioni come *WWF* ed *Animal Equality* che lavorano per proteggere gli animali e promuovere il benessere.
  . **Sostenibilità e Diritti Animali**: C'è una crescente enfasi sulla connessione tra diritti animali e sostenibilità ambientale, con un focus su pratiche alimentari sostenibili come il vegetarianismo e il veganismo.

L'animalismo è un movimento in continua evoluzione, che riflette la nostra crescente consapevolezza e impegno verso la protezione degli animali.

## 7.3. Storia del WWF

Il ***World Wide Fund for Nature*** (WWF) è un'organizzazione internazionale non governativa (ONG) dedicata alla conservazione della natura e alla riduzione dell'impatto umano sull'ambiente.

Il WWF fu fondato il 29 aprile 1961 a *Morges*, in Svizzera, su iniziativa di *Julian Huxley, Victor Stolan, Max Nicholson* ed altri. Il nome e il logo del panda gigante furono ideati da *Peter Scott*. Nell'anno della sua fondazione, il WWF approvò cinque progetti, tra cui la protezione dell'aquila calva negli Stati Uniti e delle specie in via di estinzione in Guatemala e Canada. L'organizzazione crebbe rapidamente, stabilendo sezioni nazionali in diversi paesi, tra cui Regno Unito, Stati Uniti e Svizzera. Il principe Bernardo dei Paesi Bassi divenne il primo presidente dell'organizzazione.

Dagli anni '80 il WWF ampliò il suo ambito di azione, includendo temi come il cambiamento climatico e la salute umana. Il principe Filippo, duca di Edimburgo, divenne presidente del WWF internazionale dal 1981 al 1996.
Negli Anni '90 e 2000 il WWF ha investito oltre un miliardo di dollari in oltre 12.000 progetti di conservazione in tutto il mondo. Ha lanciato campagne di successo come *Earth Hour* e *Debt-for-nature swap*.

Oggi il WWF continua a lavorare in oltre 100 paesi, supportando circa 3.000 progetti di conservazione e ambientali.

**Il suo lavoro è organizzato attorno a 6 aree principali: cibo, clima, acqua dolce, fauna selvatica, foreste e oceani.**

Il WWF è una fondazione con una grande parte dei fondi provenienti da donazioni individuali e lasciti, nonché da governi e aziende. Svolge un ruolo cruciale nella conservazione della natura e nella sensibilizzazione sull'importanza della protezione ambientale.

## 7.4. Storia del Vegetarianismo e del Veganismo

**Il vegetarianismo ha radici antiche**. Filosofi come *Pitagora* furono tra i primi a promuovere una dieta priva di carne, basata sulla credenza nella reincarnazione e nel rispetto per tutti gli esseri viventi.

In India, il vegetarianismo è stato influenzato dalle religioni come l'*Induismo*, il *Buddhismo* e il *Giainismo*, che promuovono la non-violenza e il rispetto per la vita.

Nel XIX secolo, il vegetarianismo ha iniziato a guadagnare popolarità in Europa e America, con la fondazione della *Vegetarian Society* in Inghilterra nel 1847. Questo movimento ha contribuito a diffondere il vegetarianismo come una scelta alimentare basata su **motivazioni etiche, religiose e salutistiche**.

**Il veganismo è una forma più recente di vegetarianismo, nata nel XX secolo.**

Nel 1944, Donald Watson e altri membri della Vegetarian Society hanno fondato la *Vegan Society* in Inghilterra, dando vita al termine "vegan" che deriva dalle prime tre lettere di "vegetarian" e dalle ultime due lettere di "vegetarian".
Il veganismo si basa su principi etici di rispetto per la vita animale e si estende oltre l'alimentazione, influenzando anche abbigliamento, cosmetici e altri prodotti.

Negli ultimi decenni, il veganismo ha guadagnato popolarità grazie a una maggiore consapevolezza delle questioni ambientali, della salute e dei diritti degli animali.

Oggi, **il veganismo è considerato un movimento culturale e filosofico che promuove uno stile di vita sostenibile e non violento,** ed è in forte ascesa.

Comunemente, la **differenza tra vegetarianismo e veganismo** è la seguente: il vegetariano non mangia carne, mentre il vegano non mangia nemmeno i derivati animali come latte, uova, formaggi, ecc.

Sono movimenti che ovviamente non si limitano alla sola alimentazione ma affermano il <u>diniego di oggetti in pelle</u> (abbigliamento, calzature, oggettistica, mobilio, ecc.) ed azioni violente o di sfruttamento nei confronti degli animali.

**Esercizi**


## 1. Rispondi correttamente alle seguenti domande:

A. La prima conferenza sull'ambiente delle Nazioni Unite si tiene a Stoccolma nel...

- 1992
- 1979
- 1972
- 1985

B. Il WWF viene fondato nel...

- 1961
- 1971
- 1981
- 1991

C. Religione che NON promuove il Vegetarianismo:

- Induismo
- Buddhismo
- Giainismo
- Cristianesimo

D. NON fu vegetariano…

- Cartesio
- Pitagora
- Leonardo da Vinci
- Krisna

## Soluzioni

Es. 1:

*A = 1972*
*B = 1961*
*C = Cristianesimo*
*D = Cartesio*

# 8. IL CORPO UMANO

**Il corpo umano è una macchina straordinariamente complessa e organizzata, composta da numerosi sistemi interconnessi.**
Questi sistemi lavorano insieme per mantenere l'**omeostasi** (ossia la salute) e assicurare la nostra sopravvivenza.

**Ecco una panoramica dei principali Sistemi del Corpo Umano:**

- **Sistema Digestivo**: Responsabile della digestione e dell'assorbimento dei nutrienti dai cibi che consumiamo.
  Il sistema digestivo inizia dalla bocca e termina all'ano, comprendendo vari organi come **esofago, stomaco, intestino tenue e crasso**. La digestione coinvolge la scomposizione del cibo in nutrienti assorbibili, che vengono poi trasportati dal sangue alle cellule del corpo.

- **Sistema Respiratorio**: Fornisce ossigeno alle cellule del corpo e rimuove l'anidride carbonica.
  Il sistema respiratorio comprende le **vie respiratorie (naso, faringe, laringe, trachea, bronchi) e i polmoni**. La respirazione comporta l'inalazione di ossigeno e l'esalazione di anidride carbonica.
  Gli alveoli nei polmoni permettono lo scambio di gas con il sangue.

- **Sistema Circolatorio**: Trasporta sangue, nutrienti, gas e rifiuti in tutto il corpo.
  **È costituito dal cuore, dai vasi sanguigni (arterie, vene, capillari) e dal sangue.**
  Il cuore pompa il sangue attraverso il corpo, fornendo ossigeno e nutrienti alle cellule e rimuovendo i rifiuti. Il sangue circola in due circuiti principali: il circuito polmonare e il circuito sistemico.

- **Sistema Nervoso**: Controlla e coordina tutte le attività del corpo, processando informazioni e rispondendo agli stimoli.
  È composto dal **sistema nervoso centrale** (cervello e midollo spinale) e dal **sistema nervoso periferico** (nervi e gangli). Esso riceve informazioni sensoriali, elabora i dati e coordina risposte motorie e comportamentali. Il **sistema nervoso autonomo** regola funzioni involontarie come il battito cardiaco e la digestione.

- **Sistema Muscolare**: Permette il movimento del corpo e mantiene la postura.
  Il sistema muscolare umano è essenziale per il movimento, la postura e molte funzioni vitali.
  **Comprende oltre 600 muscoli** che lavorano in sinergia con il sistema scheletrico e nervoso per permettere attività volontarie e involontarie.

- **Sistema Scheletrico**: Fornisce supporto strutturale e protezione agli organi interni.

  È la struttura portante del corpo, fornendo supporto, protezione e la base per il movimento. È composto da **ossa, articolazioni, cartilagini e legamenti.**

- **Sistema Immunitario**: È un sistema complesso di cellule, tessuti e organi che lavorano insieme per proteggere il corpo da agenti patogeni come batteri, virus, funghi e parassiti.

- **Sistema Endocrino**: Regola le funzioni corporee attraverso ormoni.

  **È una rete di ghiandole che producono e rilasciano ormoni direttamente nel sangue.** Questi ormoni regolano molte delle funzioni corporee fondamentali, come la crescita, il metabolismo, la riproduzione, e l'equilibrio energetico.

- **Sistema Urinario**: Noto anche come sistema escretore, è fondamentale per la rimozione dei rifiuti liquidi e il mantenimento dell'equilibrio idrico e chimico nel corpo.

- **Sistema Riproduttivo**: È essenziale per la perpetuazione della specie, consentendo la produzione di gameti, la fecondazione e lo sviluppo di nuovi individui. Comprende organi e strutture differenti negli uomini e nelle donne, ciascuno con funzioni specifiche.

## 8.1. Gli organi del corpo umano

Gli organi del corpo umano sono strutture specializzate che svolgono funzioni vitali per la nostra sopravvivenza e il nostro benessere.

**Ecco una panoramica dei principali organi, delle loro funzioni e di alcune curiosità:**

- **Cervello**
  Funzione: Il cervello controlla tutte le attività del corpo, inclusi i movimenti volontari e involontari, il pensiero, la memoria, le emozioni e la percezione sensoriale.
  Curiosità: Il cervello umano contiene circa 86 miliardi di neuroni.

- **Cuore**
  Funzione: Pompa il sangue attraverso il sistema circolatorio, fornendo ossigeno e nutrienti alle cellule e rimuovendo i rifiuti metabolici.
  Curiosità: Il cuore batte in media 100.000 volte al giorno.

- **Polmoni**
  Funzione: Assorbono ossigeno dall'aria e rimuovono anidride carbonica dal sangue.
  Curiosità: Ogni giorno, una persona respira circa 20.000 volte.

- **Fegato**

  Funzione: Filtra il sangue, metabolizza farmaci, produce bile per la digestione dei grassi e immagazzina glicogeno.

  Curiosità: Il fegato può rigenerarsi completamente anche se una parte significativa viene rimossa.

- **Reni**

  Funzione: Filtrano il sangue per rimuovere rifiuti e acqua in eccesso, formando l'urina.

  Curiosità: Ogni rene contiene circa un milione di nefroni, le unità funzionali di filtrazione.

- **Stomaco**

  Funzione: Digerisce il cibo usando acidi e enzimi, trasformandolo in una forma che può essere assorbita dall'intestino.

  Curiosità: Il pH dello stomaco è molto acido, variando tra 1,5 e 3,5.

- **Intestino**

  Funzione: L'intestino tenue assorbe nutrienti dal cibo digerito, mentre l'intestino crasso assorbe acqua e forma feci.

  Curiosità: L'intestino tenue è lungo circa 6 metri, mentre l'intestino crasso è lungo circa 1,5 metri.

- **Milza**
  Funzione: Filtra il sangue e rimuove le cellule del sangue vecchie o danneggiate, immagazzina globuli bianchi e aiuta a combattere le infezioni.
  Curiosità: La milza può essere rimossa senza che ciò impedisca di vivere una vita normale, sebbene si possa diventare più suscettibili alle infezioni.

- **Pancreas**
  Funzione: Produce enzimi digestivi e ormoni come l'insulina, che regola i livelli di zucchero nel sangue.
  Curiosità: Il pancreas ha sia funzioni endocrine (secrezione di ormoni) che esocrine (secrezione di enzimi digestivi).

- **Pelle**
  Funzione: La pelle è l'organo più grande del corpo e serve come barriera protettiva contro i danni fisici, chimici e biologici. Regola la temperatura corporea e consente la sensazione del tatto.
  Curiosità: La pelle di un adulto può coprire circa 2 metri quadrati di superficie.

- **Ghiandole Surrenali**
  Funzione: Situate sopra i reni, queste ghiandole producono ormoni come il cortisolo, che aiuta il corpo a rispondere allo stress, e aldosterone, che regola l'equilibrio idrico e degli elettroliti.
  Curiosità: Le ghiandole surrenali sono cruciali per la risposta "lotta o fuga".

- **Ghiandola Pineale**

  Funzione: Situata nel cervello, produce melatonina, un ormone che regola i cicli sonno-veglia.

  Curiosità: La produzione di melatonina aumenta di notte, contribuendo a indurre il sonno.


- **Ghiandole Paratiroidee**

  Funzione: Piccole ghiandole situate dietro la tiroide che regolano i livelli di calcio nel sangue attraverso la produzione dell'ormone paratiroideo (PTH).

  Curiosità: Sono essenziali per il funzionamento muscolare e nervoso.


- **Orecchio Interno**

  Funzione: Composto da strutture come la coclea e i canali semicircolari, l'orecchio interno è responsabile dell'udito e dell'equilibrio.

  Curiosità: La coclea ha una forma a spirale e contiene circa 16.000 cellule ciliari che trasformano le onde sonore in segnali nervosi.


- **Linfonodi**

  Funzione: Filtrano la linfa, rimuovendo batteri e altre particelle estranee. Contengono cellule immunitarie che aiutano a combattere le infezioni.

  Curiosità: Sono presenti in tutto il corpo, ma sono più concentrati nel collo, nelle ascelle e nell'inguine.

- **Colecisti (Cistifellea)**
  Funzione: Conserva e concentra la bile prodotta dal fegato, rilasciandola nell'intestino tenue per aiutare la digestione dei grassi.
  Curiosità: La colecisti può contenere circa 50 millilitri di bile.

- **Tonsille**
  Funzione: Parti del sistema linfatico situate nella gola, aiutano a combattere infezioni respiratorie e digestive.
  Curiosità: Possono infiammarsi e causare tonsillite, una condizione comune in età pediatrica.

- **Midollo Osseo**
  Funzione: Trovato all'interno delle ossa, produce cellule del sangue, inclusi globuli rossi, globuli bianchi e piastrine.
  Curiosità: Il midollo osseo rosso è particolarmente attivo nella produzione di cellule del sangue, mentre il midollo osseo giallo immagazzina grasso.

- **Appendice**
  Funzione: La sua funzione precisa non è completamente compresa, ma si pensa che abbia un ruolo nel sistema immunitario.
  Curiosità: È noto che l'appendice può infiammarsi e causare appendicite, una condizione che spesso richiede rimozione chirurgica.

- **Ghiandole Salivari**

  Funzione: Producono la saliva, che contiene enzimi che iniziano la digestione dei carboidrati e aiutano a mantenere la bocca umida.

  Curiosità: Le ghiandole salivari producono circa 1-1,5 litri di saliva al giorno.

- **Timo**

  Funzione: Importante per lo sviluppo del sistema immunitario nei bambini, il timo è dove i linfociti T maturano e diventano funzionali.

  Curiosità: Il timo è più attivo durante l'infanzia e inizia a ridursi di dimensioni durante l'adolescenza.

- **Vescica Urinaria**

  Funzione: Conserva l'urina prodotta dai reni fino a quando non viene espulsa dal corpo.

  Curiosità: La vescica può contenere fino a 500 millilitri di urina, ma può sentirsi piena già con 200-300 millilitri.

- **Intestino Crasso**

  Funzione: Assorbe l'acqua e i sali minerali dal cibo digerito e forma le feci.

  Curiosità: L'intestino crasso ospita trilioni di batteri che aiutano la digestione e producono vitamine come la vitamina K.

- **Utero**

  Funzione: Un organo muscolare dove l'ovulo fecondato si impianta e si sviluppa in un feto durante la gravidanza.

  Curiosità: Durante la gravidanza, l'utero può espandersi per contenere un bambino di dimensioni notevoli.


- **Prostata**

  Funzione: Produce un liquido che è una componente del liquido seminale.

  Curiosità: La prostata si trova sotto la vescica urinaria e circonda l'uretra nei maschi.


- **Placenta**

  Funzione: Un organo temporaneo che si sviluppa durante la gravidanza per fornire nutrienti e ossigeno al feto e rimuovere i rifiuti.

  Curiosità: La placenta è espulsa dal corpo dopo la nascita del bambino, in un processo chiamato secondamento.

## 8.2. Le Ossa del Corpo Umano

**Il sistema scheletrico umano è composto da 206 ossa in un adulto.** Le ossa forniscono struttura, protezione agli organi interni, e fungono da leva per i movimenti muscolari.

**Ecco una panoramica delle principali ossa del corpo umano, organizzate per regioni:**

- **Cranio: Comprende diverse ossa che proteggono il cervello.**
  Frontale: Forma la fronte.
  Parietali: Due ossa che formano la parte superiore e laterale del cranio.
  Occipitale: Forma la parte posteriore del cranio.
  Temporali: Due ossa ai lati del cranio.
  Sfenoide: Situata alla base del cranio, dietro gli occhi.
  Etmoide: Situata tra gli occhi, fa parte della cavità nasale.

- **Colonna Vertebrale: Composta da 33-34 vertebre divise in sezioni.**
  Vertebre Cervicali (7): Collo.
  Vertebre Toraciche (12): Parte superiore della schiena, collegata alle costole.
  Vertebre Lombari (5): Parte inferiore della schiena.
  Vertebre Sacrali (5, fuse in un unico osso chiamato sacro): Parte posteriore del bacino.
  Vertebre Coccigee (4-5, fuse nel coccige): Coda.

- **Gabbia Toracica**
  Costole: 12 paia di ossa che proteggono il cuore e i polmoni.
  Sterno: Ossa lunga e piatta al centro del petto a cui sono attaccate le costole.

- **Arti Superiori**
  Clavicola: Osso che collega lo sterno alla scapola.
  Scapola: Osso piatto triangolare situato nella parte superiore della schiena.
  Omero: Osso lungo del braccio superiore.
  Radio e Ulna: Ossa dell'avambraccio.
  Ossa del Carpo: Ossa del polso (8 per mano).
  Metacarpi: Ossa della mano (5 per mano).
  Falangi: Ossa delle dita (14 per mano).

- **Arti Inferiori**
  Bacino: Comprende l'ileo, l'ischio e il pube.
  Femore: Osso lungo della coscia, il più lungo e robusto del corpo.
  Rotula (Patella): Osso a forma di disco situato davanti all'articolazione del ginocchio.
  Tibia e Perone: Ossa della gamba inferiore.
  Ossa del Tarso: Ossa della caviglia (7 per piede).
  Metatarsi: Ossa del piede (5 per piede).
  Falangi: Ossa delle dita dei piedi (14 per piede).

- **Altre Ossa Importanti**
  Ossa del Metatarso: Ossa del piede (5 per piede).
  Ossa Sesamoidi: Piccole ossa incorporate nei tendini, come la rotula.

Le ossa svolgono un ruolo fondamentale non solo nel fornire struttura e protezione, ma anche nella produzione di cellule del sangue e nello stoccaggio di minerali.

**8.3. Principali malattie nell'uomo**

Purtroppo il corpo umano è un organismo molto delicato, che richiede molta cura e prevenzione delle malattie, che possono essere svariate e colpire tutti i sistemi ed organi.

**Ecco una panoramica sintetica:**

- **Malattie Cardiovascolari**
  . Malattie cardiache: Gli uomini sono più inclini a sviluppare malattie cardiovascolari come infarti e ictus a causa della presenza di ormoni androgeni come il testosterone.
  . Ipertensione: La pressione alta è una condizione comune che può portare a gravi complicazioni se non trattata.

- **Diabete**
  . Diabete di tipo 2: Comunemente associato a uno stile di vita sedentario e a una dieta non equilibrata, il diabete di tipo 2 è una condizione cronica che richiede gestione continua.

- **Malattie Respiratorie**
  . BPCO (Broncopneumopatia Cronica Ostruttiva): Una malattia polmonare progressiva che causa difficoltà respiratorie e ridotta capacità polmonare.
  . Raffreddore: È una comune infezione virale delle vie respiratorie superiori, che include il naso, la gola e le vie aeree vicine.

. Bronchite: È un'infiammazione dei bronchi, le vie aeree che collegano la trachea ai polmoni.

. Polmonite: è un'infiammazione acuta dei polmoni, che può essere causata da vari agenti infettivi come batteri, virus, funghi e parassiti.

- **Malattie Infettive**

. Influenza: È un'infezione virale altamente contagiosa che colpisce le vie respiratorie. È causata dai virus influenzali A, B e C, con il tipo A e B responsabili delle epidemie stagionali.

. Infezioni sessualmente trasmissibili (IST): Infezioni come gonorrea, clamidia, herpes genitale e sifilide sono comuni e possono avere gravi conseguenze se non trattate.

. HIV (Virus dell'Immunodeficienza Umana): È un virus che attacca il sistema immunitario del corpo. Se non trattato, può portare all'AIDS (Sindrome da Immunodeficienza Acquisita), che è lo stadio finale dell'infezione da HIV.

- **Malattie Urologiche**

. Prostatite: Infiammazione della prostata che può causare dolore e difficoltà urinarie.

. Varicocele: Dilatazione varicosa delle vene del funicolo spermatico, che può influire sulla fertilità.

- **Malattie Endocrine**

. Ipogonadismo: Bassi livelli di testosterone che possono influire sulla fertilità, energia e benessere generale.

- **Malattie Neurologiche**
  . Parkinson: Malattia neurodegenerativa che colpisce il movimento e può causare tremori, rigidità e difficoltà di equilibrio.

- **Malattie Psichiatriche**
  . Depressione: Condizione comune che può influire sul benessere emotivo e fisico.
  . Ansia: Preoccupazioni eccessive che possono interferire con le attività quotidiane.

- **Malattie Genetiche**
  Sono condizioni causate da mutazioni o alterazioni del DNA, che possono influenzare il funzionamento di specifici geni o cromosomi. Queste malattie possono essere ereditarie (trasmesse dai genitori) o causate da mutazioni nuove (de novo).
  *Esempi di Malattie Genetiche:*
  *. Fibrosi Cistica: Affecta i polmoni e l'apparato digerente, causando tosse e malassorbimento.*
  *. Malattia di Huntington: Provoca movimenti anomali e declino cognitivo.*
  *. Sindrome di Down: Caratterizzata da ritardi nello sviluppo e disabilità intellettiva.*
  *. Anemia Falciforme: Causa deformità dei globuli rossi, portando a dolore e infezioni.*

- **Malattie Autoimmuni**

Sono condizioni in cui il sistema immunitario del corpo attacca erroneamente le proprie cellule, tessuti o organi. Questo può portare a infiammazione, danni e disfunzioni in diverse parti del corpo. Ci sono più di 80 malattie autoimmuni conosciute.

Le cause precise delle malattie autoimmuni non sono completamente comprese, ma si ritiene che siano il risultato di una combinazione di fattori genetici, ambientali e ormonali. Non esiste una cura per le malattie autoimmuni, ma i trattamenti mirano a gestire i sintomi e a ridurre l'infiammazione.

*Esempi di Malattie Autoimmuni:*

*. Artrite Reumatoide: Colpisce principalmente le articolazioni, causando dolore, gonfiore e rigidità. Può anche influenzare altri organi come il cuore e i polmoni.*

*. Sclerosi Multipla: Colpisce il sistema nervoso centrale, interrompendo la comunicazione tra il cervello e il resto del corpo. I sintomi possono includere debolezza muscolare, problemi di coordinazione e disturbi visivi.*


- **Malattie Neurodegenerative**

Sono condizioni che comportano la perdita progressiva della struttura o della funzione dei neuroni, le cellule nervose del cervello e del sistema nervoso periferico. Queste malattie sono spesso gravi e possono portare a disabilità significative nel tempo.

*Esempi:*

*. Morbo di Alzheimer: È la forma più comune di demenza e colpisce principalmente le persone anziane. È caratterizzata da*

*perdita di memoria, confusione e cambiamenti nel comportamento e nella personalità.*

*. Morbo di Parkinson: Una malattia cronica e progressiva che colpisce il sistema nervoso, influenzando principalmente il movimento.*

*. Sclerosi Laterale Amiotrofica (SLA): Conosciuta anche come malattia di Lou Gehrig, è una malattia che provoca la degenerazione dei motoneuroni, le cellule nervose che controllano i muscoli volontari.*

- **Malattie Rare**

  Anche conosciute come "*orphan diseases*", sono condizioni che colpiscono una piccola percentuale della popolazione. In Europa, una malattia è considerata rara se colpisce meno di 1 persona ogni 2.000.

  **Ci sono circa 6.000-8.000 malattie rare conosciute,** e si stima che milioni di persone in tutto il mondo siano affette da queste condizioni.

  Il trattamento delle malattie rare può essere complesso e spesso richiede un approccio multidisciplinare. La ricerca è in corso per sviluppare nuove terapie e trattamenti, e molte organizzazioni lavorano per sensibilizzare e raccogliere fondi per la ricerca.

  *Esempi:*

  *. Anemia Falciforme: Una malattia del sangue che causa globuli rossi deformi.*

  *. Malattia di Fabry: Un disturbo genetico che porta all'accumulo di lipidi nei tessuti.*

  *. Sindrome di Dravet: Una forma grave di epilessia infantile.*

  *. Malattia di Gaucher: Un disturbo metabolico che causa l'accumulo di sostanze nei tessuti e negli organi.*

*. Atassia di Friedreich: Una malattia neurodegenerativa che causa problemi di coordinazione e movimento.*

- **Cancro (può colpire tutti gli organi)**
  Il cancro, o **tumore maligno**, è una malattia caratterizzata dalla crescita e diffusione incontrollate di cellule anomale. Queste cellule possono invadere e distruggere i tessuti sani circostanti e diffondersi ad altre parti del corpo, un processo noto come metastasi.
  *Esempi:*
  *. Cancro ai polmoni: Il cancro ai polmoni è il secondo tumore più comune negli uomini e il fumo è la principale causa.*
  *. Cancro alla prostata: Esclusivamente maschile, il cancro alla prostata è una delle principali cause di morte per cancro negli uomini.*
  *. Cancro al seno: È uno dei tumori più comuni tra le donne e può essere influenzato dagli estrogeni.*
  *. Cancro cervicale: Causato dal virus del papilloma umano (HPV), è una delle principali cause di cancro nelle donne.*
  *. Melanoma: Un tipo di cancro della pelle che può essere molto aggressivo se non trattato precocemente.*

Queste sono solo alcune delle malattie che possono colpire l'uomo. È importante sottoporsi a controlli medici regolari e adottare uno stile di vita sano per prevenire e gestire queste condizioni.

**A che punto è la ricerca contro i tumori e le altre malattie?**

La ricerca contro i tumori e altre malattie ha fatto progressi significativi negli ultimi anni.

**Ecco un riepilogo delle principali aree di sviluppo:**

- **Ricerca contro i Tumori**

  . Diagnosi precoce: Miglioramenti nelle tecniche di imaging e nella biopsia liquida hanno permesso di rilevare i tumori in fase precoce, migliorando le possibilità di trattamento.

  . Terapie personalizzate: L'uso di terapie mirate e immunoterapie ha rivoluzionato il trattamento del cancro, consentendo trattamenti più efficaci e meno invasivi.

  . Intelligenza Artificiale: L'AI è utilizzata per migliorare la diagnosi, lo sviluppo di farmaci e la precisione delle terapie.

  . Nuovi farmaci: Continua lo sviluppo di nuovi farmaci, inclusi quelli che mirano a specifici geni o proteine coinvolte nella crescita del tumore.

- **Ricerca contro Altre Malattie**

  . Malattie Autoimmuni: La ricerca sta esplorando nuove terapie per ridurre l'infiammazione e ripristinare l'equilibrio del sistema immunitario.

  . Malattie Neurodegenerative: Gli studi si concentrano sulla comprensione dei meccanismi dietro queste malattie e sullo sviluppo di trattamenti che possano rallentare la progressione.

. Malattie Infettive: La ricerca continua a sviluppare nuovi vaccini e trattamenti antivirali, inclusi quelli per malattie come l'HIV e l'Ebola.

. Malattie Genetiche: Gli avanzamenti nella tecnologia di editing genetico, come CRISPR, offrono nuove possibilità per trattare malattie genetiche.

La ricerca è in continua evoluzione e ci sono molte speranze per il futuro.

## 8.4. La Genetica

La genetica è lo studio dei geni, della variazione genetica e dell'ereditarietà negli organismi viventi. Essa esplora come le caratteristiche vengono trasmesse dai genitori ai figli e come queste caratteristiche possono variare tra individui della stessa specie.

I fondamenti della genetica risalgono agli esperimenti di *Gregor Mendel* sulle piante di pisello nel XIX secolo, che hanno portato alla scoperta dei concetti di geni dominanti e recessivi.

### Cosa Sono i Geni?

**I geni sono segmenti di DNA che contengono le istruzioni per la costruzione e il funzionamento degli organismi**. Essi codificano le proteine che svolgono molteplici funzioni all'interno delle cellule. **I geni sono organizzati in strutture chiamate CROMOSOMI, che si trovano nel nucleo delle cellule. Ogni gene è situato in una specifica posizione su un cromosoma chiamata locus.**

**Ecco alcune cose che devi sapere su geni e genetica:**

- **Funzioni dei Geni**
  I geni determinano le caratteristiche ereditarie, come il colore degli occhi, l'altezza e il tipo di sangue. Essi influenzano anche lo sviluppo e il funzionamento di organi e sistemi del corpo.

- **Espressione Genica**

  Non tutti i geni sono attivi in ogni momento. L'espressione genica è regolata in modo tale che solo i geni necessari per una determinata funzione siano attivati.


- **Eredità e Variazione**

  L'ereditarietà è il processo attraverso il quale le caratteristiche genetiche vengono trasmesse dai genitori ai figli. La variazione genetica si riferisce alle differenze nei geni tra individui della stessa specie.


- **Leggi di Mendel**

  Le *Leggi dell'Ereditarietà di Mendel* descrivono come i tratti ereditari vengono trasmessi attraverso **alleli**, che sono versioni alternative di un gene.

  La **legge della segregazione afferma** che ogni individuo possiede due alleli per ogni gene, uno ereditato da ciascun genitore, e questi alleli si separano durante la formazione dei gameti. La legge dell'assortimento indipendente descrive come i geni per tratti diversi si distribuiscono indipendentemente l'uno dall'altro durante la formazione dei gameti.


- **Mutazioni genetiche**:

  Le mutazioni sono cambiamenti nella sequenza del DNA che possono introdurre nuove varianti geniche. Possono verificarsi spontaneamente o a causa di fattori ambientali come radiazioni e sostanze chimiche. Esse possono dare vita a malattie come il cancro.

- **Eredità Poligenica**
  Alcuni tratti sono influenzati da più geni (eredità poligenica). Esempi includono l'altezza e il colore della pelle, che sono determinati dall'interazione di vari geni.

## 8.4.1. Il DNA

Il DNA, o **Acido Desossiribonucleico**, è la molecola che contiene le istruzioni genetiche usate nello sviluppo e nel funzionamento di tutti gli organismi viventi e molti virus.
Si trova principalmente nel nucleo delle cellule eucariotiche e nel citoplasma delle cellule procariotiche.

**Il DNA ha una struttura a doppia elica**, simile a una scala a chiocciola, scoperta da *James Watson* e *Francis Crick* nel 1953.

**Le sue componenti principali sono:**

- **Nucleotidi**: I mattoni del DNA, ciascuno composto da uno zucchero (desossiribosio), un gruppo fosfato e una base azotata.

- **Basi Azotate**: *adenina (A), timina (T), citosina (C) e guanina (G)*. Le basi azotate si appaiano specificamente (A con T e C con G), mantenendo la struttura della doppia elica.

**Funzionamento del DNA:**

- **Replicazione**
  Prima della divisione cellulare, il DNA si replica, assicurando che ogni cellula figlia riceva una copia identica del materiale genetico. Questo processo coinvolge l'enzima **DNA polimerasi**, che costruisce una nuova elica complementare alla vecchia.

- **Trascrizione**
  Il processo mediante il quale una particolare sequenza di DNA viene copiata in un **RNA messaggero (mRNA)**. Questo passaggio è fondamentale per la sintesi delle proteine, poiché <u>l'mRNA trasporta le informazioni genetiche dal nucleo al citoplasma</u>.

- **Traduzione**
  L'mRNA viene letto dai ribosomi nel citoplasma, traducendo la sequenza genetica in una sequenza di amminoacidi per costruire proteine. Ogni gruppo di tre basi azotate (**codone**) sull'mRNA corrisponde a un amminoacido specifico.

**Funzioni del DNA:**

- **Codifica Proteine**: Il DNA contiene le istruzioni per costruire tutte le proteine necessarie per il corpo.

- **Regolazione Genica**: Il DNA contiene sequenze che regolano l'espressione dei geni, determinando quando e dove specifici geni sono attivati.

- **Ereditarietà**: Il DNA è trasmesso dai genitori ai figli, portando con sé le caratteristiche genetiche che definiscono un organismo.

Il DNA è essenziale per la vita, essendo la base per l'ereditarietà e il funzionamento cellulare.

### 8.4.1.1. L'Editing Genetico

**L'ingegneria genetica può modificare il DNA di un feto per far sì che il nascituro abbia le caratteristiche che vogliamo e non abbia malattie?**

L'ingegneria genetica ha il potenziale di modificare il DNA di un feto per prevenire malattie genetiche e, in teoria, per determinare alcune caratteristiche desiderate. Tuttavia, questa pratica, nota come **Editing Genetico Germinale**, è estremamente controversa e attualmente limitata da questioni etiche, legali e scientifiche.

Una delle tecnologie di editing genetico più avanzate, **CRISPR-Cas9**, consente di apportare modifiche precise al DNA. È stata utilizzata nei laboratori per correggere mutazioni genetiche in cellule e tessuti.

**Potenziali Applicazioni:**

- **Prevenzione delle Malattie**
  L'editing genetico potrebbe essere utilizzato per correggere mutazioni genetiche che causano malattie ereditarie, come la fibrosi cistica o la distrofia muscolare.

- **Determinazione delle Caratteristiche**
  In teoria, potrebbe essere possibile modificare geni responsabili di caratteristiche fisiche, come l'altezza, il colore degli occhi o la resistenza fisica.

**Considerazioni Etiche:**

- **Sicurezza**

  La sicurezza dell'editing genetico germinale non è ancora garantita. <u>Errori o modifiche non intenzionali</u> possono avere conseguenze impreviste e potenzialmente dannose.

- **Ereditarietà**

  Le modifiche genetiche germinali sarebbero ereditabili, il che significa che potrebbero essere trasmesse alle future generazioni, con implicazioni profonde e permanenti.

- **Disuguaglianza**

  L'accesso alle tecnologie di editing genetico potrebbe essere limitato, creando ulteriori <u>disuguaglianze sociali e economiche</u>.

- **Identità e Diversità**

  La possibilità di selezionare caratteristiche specifiche potrebbe ridurre la diversità genetica e sollevare questioni riguardanti l'identità e l'unicità dell'individuo.

Attualmente, **l'editing genetico germinale sugli esseri umani è vietato nella maggior parte dei paesi** e soggetto a strette regolamentazioni etiche e legali. La ricerca continua a esplorare le potenzialità e le implicazioni dell'editing genetico, ma qualsiasi applicazione clinica richiede una valutazione approfondita e una regolamentazione rigorosa.

## 8.4.2. Il Genoma

**Il genoma è l'insieme completo del materiale genetico di un organismo.** Esso include tutti i suoi geni, costituiti da DNA (o RNA in alcuni virus), e le sequenze non codificanti. <u>Il genoma contiene le istruzioni necessarie per costruire e mantenere quell'organismo e per consentirne la crescita, lo sviluppo e il funzionamento.</u>

<u>Il genoma è, in sostanza, il manuale di istruzioni biologiche che definisce ogni aspetto della vita di un organismo.</u>

**Componenti del Genoma:**

- **Geni**: Segmenti di DNA che codificano per le proteine o per le molecole di RNA. I geni rappresentano solo una piccola parte del genoma complessivo, ma sono cruciali per le funzioni vitali.

- **Sequenze Regolatorie**: Regioni del DNA che controllano l'attività dei geni, determinando quando e dove i geni sono attivati o disattivati.

- **DNA non codificante**: Parti del genoma che non codificano per proteine, ma che possono avere funzioni regolatorie, strutturali o sconosciute.

Il **GENOMA UMANO** è composto da circa 3 miliardi di coppie di basi di DNA, suddivise in 23 paia di cromosomi.

Di queste, 22 sono autosomi e una coppia determina il sesso (cromosomi X e Y).

Il **Progetto Genoma Umano**, completato nel 2003, ha sequenziato l'intero genoma umano, fornendo una mappa dettagliata del nostro DNA.

**Esercizi**

**1. Rispondi correttamente alle seguenti domande:**

A. Quante volte al giorno batte il cuore?

- 10.000
- 20.000
- 50.000
- 100.000

B. Quanti neuroni contiene il cervello umano?

- 800.000
- 3 milioni
- 86 miliardi
- 501 miliardi

C. Quante volte respiriamo al giorno?

- 10.000 volte
- 20.000 volte
- 50.000 volte
- 100.000 volte

D. Quanto è lungo l'intestino (tenue + crasso)?

- 88 cm
- 3 metri

* 7,5 metri
* 11 metri

E. Quanti metri quadri può coprire la pelle di un adulto?

* 1
* 2
* 3
* 4

F: Quanti litri di saliva producono al giorno le ghiandole salivari?

* 0,5
* 1-1,5
* 2-3
* 5

## Soluzioni

Es. 1:

*A* = 100.000
*B* = 86 miliardi
*C* = 20.000 volte
*D* = 7,5 metri
*E* = 2
*F* = 1-1,5

# 10. BIOTECNOLOGIA, BIOINGEGNERIA, INGEGNERIA GENETICA

La **Biotecnologia** è un campo multidisciplinare che utilizza organismi viventi, sistemi biologici e derivati biologici per sviluppare prodotti e tecnologie utili in vari settori, tra cui la medicina, l'agricoltura e l'industria.

**La biotecnologia moderna si basa su tecniche di biologia molecolare e cellulare per manipolare e utilizzare organismi a fini pratici.**

**Principali applicazioni della Biotecnologia:**

- **Medicina**: Sviluppo di farmaci biologici, terapie geniche, produzione di vaccini, e diagnosi molecolari.

- **Agricoltura**: Creazione di colture geneticamente modificate per resistere a malattie, parassiti e condizioni ambientali avverse; miglioramento della resa e del valore nutritivo delle piante.

- **Applicazioni Industriali**: Produzione di biocarburanti, biorisanamento (uso di microrganismi per pulire ambienti contaminati), e sintesi di materiali biologici.

## 10.1. Bioingegneria

La Bioingegneria, o **Ingegneria Biomedica**, è un campo che combina i principi dell'ingegneria con le scienze biologiche per sviluppare tecnologie e dispositivi che migliorano la salute umana e la qualità della vita.

I **bioingegneri** progettano dispositivi medici, sviluppano biomateriali e creano sistemi biologici per applicazioni terapeutiche e diagnostiche.

Esempi pratici:

- **Dispositivi Medici**: Sviluppo di protesi, pacemaker, macchine per dialisi, e dispositivi per la diagnosi e il trattamento delle malattie.

- **Biomateriali**: Creazione di materiali compatibili con il corpo umano per impianti chirurgici, suture, e dispositivi medici.

- **Terapie e Diagnostica**: Ingegneria di tessuti e organi per il trapianto, sviluppo di biosensori per il monitoraggio delle condizioni di salute, e creazione di sistemi di somministrazione di farmaci mirati.

## 10.2. Ingegneria Genetica

L'ingegneria genetica è una disciplina della biotecnologia che implica la manipolazione del DNA di un organismo per modificarne le caratteristiche genetiche.

Questa tecnologia permette l'aggiunta, la rimozione o la modifica di specifici geni per ottenere tratti desiderati o eliminare difetti genetici.

**Tecniche di Ingegneria Genetica:**

- **CRISPR-Cas9**: Una tecnica rivoluzionaria che permette di modificare il DNA in modo preciso e mirato.

- **Clonazione Genica**: Creazione di copie identiche di un gene per studio o utilizzo terapeutico.

- **Trasfezione**: Inserimento di DNA esogeno in cellule per studiarne l'effetto o per produrre proteine terapeutiche.

L'uso della biotecnologia, della bioingegneria e dell'ingegneria genetica solleva importanti questioni etiche. Queste riguardano la sicurezza delle tecnologie, il loro impatto ambientale, l'accesso equo alle innovazioni biotecnologiche, e le implicazioni morali della modifica del genoma umano.

Parliamo, comunque, di campi in rapida evoluzione che offrono enormi potenzialità per migliorare la salute umana, aumentare la produttività agricola e sviluppare nuove tecnologie industriali.

È fondamentale affrontare le sfide etiche e regolamentarie per garantire che queste tecnologie siano utilizzate in modo sicuro e responsabile.

### 10.2.1. Il caso della pecora Dolly

La pecora Dolly è diventata famosa come il **primo mammifero ad essere clonato con successo** da una cellula somatica adulta. Questo evento rivoluzionario ha avuto un impatto significativo sulla biologia, la genetica e la scienza in generale.

Dolly è nata il 5 luglio 1996 al *Roslin Institute* in Scozia.
È stata creata a partire da una cellula mammaria di una pecora adulta *Finn Dorset* e il suo nome deriva dalla cantante *Dolly Parton*, in riferimento alla cellula da cui è stata clonata.
Dolly ha vissuto una vita relativamente normale, ma ha sviluppato alcune condizioni di salute che hanno sollevato domande sull'**invecchiamento precoce nei cloni**.
È stata soppressa nel 2003 a causa di una malattia polmonare progressiva e artrite.

### Come è stata creata Dolly?
Con la *Tecnica del Trasferimento Nucleare di Cellule Somatiche (SCNT)*. In questo processo, il nucleo di una cellula somatica adulta, che contiene il DNA dell'individuo da clonare, viene trasferito in un ovulo donatore il cui nucleo è stato rimosso.

Fasi:

- **Fusione**: L'ovulo con il nuovo nucleo viene stimolato a svilupparsi in un embrione tramite una scarica elettrica.

- **Impianto**: L'embrione viene quindi impiantato in una madre surrogata, che porta avanti la gravidanza fino al termine.

La clonazione di Dolly ha dimostrato che le cellule somatiche adulte possono essere riprogrammate per uno stato embrionale, aprendo nuove strade nello studio dello sviluppo e della differenziazione cellulare.

Le tecniche sviluppate durante la clonazione di Dolly hanno contribuito alla **ricerca sulle Cellule Staminali,** che hanno il potenziale per rigenerare tessuti danneggiati e trattare varie malattie degenerative.

La clonazione di Dolly, tuttavia, ha sollevato importanti questioni etiche riguardanti la **clonazione umana** e le implicazioni della **manipolazione genetica**. Ci sono preoccupazioni riguardo alla sicurezza, al benessere degli animali clonati e alle conseguenze a lungo termine della clonazione.

In definitiva, Dolly ha aperto la strada a ulteriori ricerche e sviluppi nella clonazione e nelle biotecnologie. Nonostante le controversie etiche, il caso di Dolly ha rappresentato un passo fondamentale verso la comprensione dei processi genetici e cellulari e ha stimolato dibattiti e ricerche che continuano ancora oggi.

Dopo Dolly, sono arrivati anche *Zhong Zhong* e *Hua Hua*, due macachi cinomolghi (Macaca fascicularis) clonati con successo utilizzando la tecnica del trasferimento nucleare di cellule somatiche (SCNT), la stessa tecnica utilizzata per clonare Dolly, appunto. Questi macachi sono nati rispettivamente a due mesi e un mese e mezzo di età e sono geneticamente identici.

Ad oggi, che si sappia, non è ancora stato clonato un essere umano.

**CURIOSITÀ**: La cantante *Cher* ha parlato pubblicamente del fatto che ha clonato i suoi cani. Ha rivelato che, anche se i cani clonati erano geneticamente identici ai suoi animali originali, avevano personalità e comportamenti diversi. Cher ha anche dichiarato che non ripeterebbe l'esperienza, trovandola un po' strana e non del tutto soddisfacente.
La clonazione di animali domestici è un argomento controverso e costoso, ma sta diventando sempre più popolare tra alcune persone.

Il costo per clonare un cane varia generalmente tra 45.000 e 70.000 euro.
Il costo per clonare un gatto è leggermente inferiore, solitamente intorno ai 30.000 euro.
Per altri animali, come cavalli, il costo può salire fino a 65.000 euro o più.

# Dove fare la Clonazione?

- **Gemini Genetics**: Si trova a *Chapel Field Stud, Whitchurch*, nel *Regno Unito*. Questa azienda è una delle poche al mondo che offre servizi di clonazione per animali domestici. Hanno laboratori avanzati e personale specializzato.

- **ViaGen Pets**: Partner di *Gemini Genetics*, ha sede a *Cedar Park, Texas, USA*. È specializzata nella clonazione di animali domestici, offrendo servizi per cani, gatti e altri animali.

## 10.3. Le Cellule Staminali

Le cellule staminali sono un tipo particolare di cellule che hanno la straordinaria capacità di svilupparsi in diversi tipi di cellule del corpo.

Queste cellule svolgono un ruolo fondamentale nella crescita e nel riparo dei tessuti e degli organi.

Esistono vari tipi di cellule staminali, ognuna con diverse caratteristiche e potenzialità:

- **Cellule Staminali Embrionali**: Derivate dagli embrioni di pochi giorni, hanno la capacità di differenziarsi in qualsiasi tipo di cellula del corpo umano. Queste cellule sono considerate **pluripotenti**.

- **Cellule Staminali Adulte**: Si trovano nei tessuti già sviluppati come il midollo osseo, il cervello e il sangue. Sono **multipotenti**, ovvero possono dare origine a un numero limitato di tipi di cellule.

- **Cellule Staminali Indotte Pluripotenti (iPS)**: Sono cellule adulte che sono state geneticamente riprogrammate per assumere uno stato pluripotente, simile a quello delle cellule staminali embrionali.

**A cosa servono le Cellule Staminali?**

Le cellule staminali rappresentano una delle frontiere più promettenti della biologia e della medicina moderna, offrendo nuove possibilità per il trattamento di molte malattie e condizioni mediche. Vediamo, in pratica, quali sono i principali **campi di applicazione delle cellule staminali:**

- **Riparazione dei Tessuti**: Le cellule staminali adulte possono riparare e rigenerare tessuti danneggiati.

- **Sviluppo Embrionale**: Le cellule staminali embrionali sono essenziali per lo sviluppo di un organismo completo a partire da un singolo ovulo fecondato.

- **Ricerca e Terapia**: Sono utilizzate in ricerca per studiare lo sviluppo delle malattie e per testare nuovi farmaci. In terapia, sono utilizzate per trattare malattie come la leucemia attraverso il trapianto di midollo osseo.
  *Es.*

  . *Terapie Rigenerative: Uso delle cellule staminali per riparare o sostituire tessuti danneggiati o malati. Ad esempio, trapianti di midollo osseo per trattare leucemie e linfomi.*

  . *Medicina Rigenerativa: Sviluppo di nuovi organi o tessuti in laboratorio per trapianti.*

  . *Ricerca sulle Malattie: Studio di malattie genetiche e degenerative per comprendere i meccanismi sottostanti e sviluppare trattamenti efficaci.*

L'uso di cellule staminali embrionali solleva questioni etiche, poiché implica la distruzione dell'embrione. Questo ha portato allo sviluppo e all'uso delle **cellule staminali indotte pluripotenti (iPS)**, che non richiedono l'uso di embrioni.

**Esercizi**

**1. Rispondi correttamente alle seguenti domande:**

A. Quale è stato il primo mammifero ad essere clonato

- Un cane
- Un gatto
- Una pecora
- Un macaco

B. Quale cantante ha fatto clonare i suoi cani?

- Madonna
- Cher
- Lady Gaga
- Rihanna

C. Quanti tipi di cellule staminali esistono?

- 2
- 3
- 4
- 5

D. Tecnica rivoluzionaria che permette di modificare il DNA:

- DNA-9C
- GeminiGEN
- ViaGen-Pets
- CRISPR-Cas9

## Soluzioni

Es. 1:

*A = pecora*
*B = Cher*
*C = 3*
*D = CRISPR-Cas9*

# 11. DIVERTIRSI CON LA BIOLOGIA

Siamo giunti quasi alla fine del libro. Spero che ti sia divertito/a ad imparare tante cose interessanti e curiose. Ma ora è giunto il momento di mettere via la teoria e dedicarsi alla pratica!

## 11.1. Esperimenti Facili e Divertenti da Fare a Casa

- **Estrazione del DNA dalla Frutta**
  Materiali: Fragole o banane, detergente per piatti, sale, acqua, alcool isopropilico, filtro da caffè, bicchiere.
  *Procedura:*
  *Schiaccia la frutta in un sacchetto con un po' di acqua e detergente.*
  *Aggiungi un pizzico di sale e mescola bene.*
  *Filtra la miscela attraverso un filtro da caffè in un bicchiere.*
  *Aggiungi lentamente l'alcool isopropilico lungo il lato del bicchiere senza mescolare.*
  *Guarda il DNA precipitare come una sostanza filamentosa bianca.*

- **Costruire un Modello di Cellula**
  Materiali: Argilla o pasta modellabile di vari colori, oggetti piccoli come perline o bottoni.
  *Procedura:*
  *Modella una grande sfera per rappresentare la cellula.*
  *Utilizza oggetti piccoli per creare organelli (mitocondri, nucleo, ecc.).*

*Assegna un colore diverso a ciascun organello e posizionali all'interno della sfera.*

- **Cromatografia con Pennarelli**
  Materiali: Strisce di carta da filtro o carta assorbente, pennarelli idrosolubili, acqua, bicchiere.
  ***Procedura:***
  *Disegna un punto colorato a circa 2 cm dal bordo di una striscia di carta.*
  *Immergi l'estremità della striscia nell'acqua senza che il punto colorato tocchi l'acqua.*
  *Osserva come l'acqua si muove lungo la carta e separa i colori in componenti diversi.*

- **Osservare la Germinazione dei Semi**
  Materiali: Semi di fagioli, carta da cucina, sacchetto di plastica, acqua.
  ***Procedura:***
  *Bagna la carta da cucina e piegala.*
  *Inserisci i semi tra i fogli di carta umida.*
  *Metti la carta con i semi in un sacchetto di plastica e sigillalo.*
  *Posiziona il sacchetto in un luogo caldo e luminoso.*
  *Osserva i semi germinare nei giorni successivi.*

## 11.2. Attività Creative per Imparare la Biologia

- **Diari Naturalistici**
  Tieni un diario naturalistico per documentare osservazioni su piante, insetti e animali nel loro ambiente locale. Includi disegni, note e foto.

- **Creazione di Herbarium**
  Raccogli foglie e fiori, pressarli e conservali in un libro. Etichetta ciascun campione con informazioni sul luogo e la data di raccolta, e qualche curiosità sulla pianta.

- **Giochi di Biologia**
  Inventa giochi da tavolo o quiz basati su fatti biologici, come il ciclo della vita delle piante, gli ecosistemi o il corpo umano. Utilizza carte e tabelloni creati a mano per rendere il tutto più interattivo.

- **Laboratori di Microscopio**
  Usa un microscopio per esplorare il mondo microscopico. Prepara vetrini con campioni di cipolla, gocce d'acqua stagnante e altri materiali a piacere. Osserva, descrivi e disegna ciò che vedi.

- **Teatro Biologico**
  Metti in scena brevi rappresentazioni teatrali o sketch su temi biologici, come la fotosintesi, il ciclo dell'acqua o la catena alimentare. Crea costumi e scenografie con materiali riciclati.

# BIGLIOGRAFIA ESSENZIALE

Ecco una lista di libri essenziali per approfondire la conoscenza della biologia, dai concetti di base alle scoperte più avanzate:

- **"Biologia" di Solomon, Berg, Martin**
  *Un libro di testo completo e accessibile, ideale per studenti delle scuole superiori e dei corsi introduttivi universitari.*

- **"La Vita Segreta degli Alberi" di Peter Wohlleben**
  *Un'esplorazione affascinante delle complessità delle foreste e della vita degli alberi, scritta in uno stile narrativo coinvolgente.*

- **"Il Gene: Un Racconto Intimo" di Siddhartha Mukherjee**
  *Un viaggio attraverso la storia della genetica, dalle prime scoperte alle tecnologie moderne come CRISPR.*

- **"L'Origine delle Specie" di Charles Darwin**
  *Il classico testo che ha fondato la teoria dell'evoluzione per selezione naturale, ancora rilevante e illuminante oggi.*

- **"Principi di Biochimica di Lehninger" di Nelson e Cox**
  *Un testo fondamentale per studenti avanzati di biologia e biochimica, dettagliato e ricco di illustrazioni.*

- **"Biologia Molecolare della Cellula" di Alberts, Johnson, Lewis, Raff, Roberts e Walter**

*Una risorsa completa per chi desidera comprendere i dettagli della biologia cellulare e molecolare.*

- **"Oxford Dictionary of Biology"**
  *Un dizionario essenziale per terminologia e concetti biologici, utile per studenti e professionisti.*

- **"Cosmos" di Carl Sagan**
  *Anche se non specificamente un libro di biologia, offre una prospettiva ampia e affascinante sulla scienza e l'evoluzione della vita nell'universo.*

- **"Sapiens: Da Animali a Dei" di Yuval Noah Harari**
  *Una panoramica storica e scientifica dell'evoluzione umana e del nostro impatto sul mondo.*

## CONCLUSIONI

E così, eccoci alla fine del nostro **viaggio attraverso la biologia**! Abbiamo navigato tra mille mondi, attraverso la storia e la scienza, tra dinosauri, cellule, geni ed ecosistemi, scoprendo insieme **i segreti della vita**, in modo semplice e affascinante.

Come hai visto con i tuoi occhi, **la biologia non è solo una materia scolastica, ma una vera e propria avventura nel mondo vivente** ed io spero di aver mantenuto le promesse conducendoti in questo viaggio sorprendente e curioso.

**La biologia ci insegna che la vita è incredibilmente complessa e interconnessa**. Ogni scoperta ci fa apprezzare la bellezza e la diversità del mondo vivente. Dunque, spero che questo libro ti abbia ispirato a guardare la natura con occhi curiosi, per continuare ad esplorare i misteri della vita.

Ricorda, **la scienza è un viaggio senza fine**. Quindi, non smettere mai di fare domande, sperimentare e apprendere. La biologia è piena di sorprese e tu hai solo iniziato a scoprire ciò che il mondo vivente ha da offrire.

Adesso non mi rimane che dedicarti un carissimo saluto, ringraziandoti ancora per avermi seguito fin qui. Beh, continua nel tuo viaggio all'interno della cultura e non fermarti mai!

*GJB*

9 788893 057431